CCTV
《天工开物》栏目
编著

现代生活简史

上海科学技术文献出版社
Shanghai Scientific and Technological Literature Press

图书在版编目（CIP）数据

现代生活简史 /CCTV《天工开物》栏目编著．—上海：上海科学技术文献出版社，2019（2020.9 重印）
ISBN 978-7-5439-7372-5

Ⅰ．①现… Ⅱ．①C… Ⅲ．①生活—科学史—世界—现代—青少年读物 Ⅳ．①TS97-091

中国版本图书馆 CIP 数据核字（2019）第 055042 号

策划编辑：张 树
责任编辑：付婷婷 曹 惠
封面设计：樱 桃

现代生活简史
XIANDAI SHENGHUO JIANSHI
CCTV《天工开物》栏目 编著
出版发行：上海科学技术文献出版社
地　　址：上海市长乐路 746 号
邮政编码：200040
经　　销：全国新华书店
印　　刷：常熟市华顺印刷有限公司
开　　本：720×1000 1/16
印　　张：11.25
字　　数：133 000
版　　次：2019 年 4 月第 1 版 2020年 9 月第 3 次印刷
书　　号：ISBN 978-7-5439-7372-5
定　　价：48.00 元
http://www.sstlp.com

目　录

1 传真机的发明……1

2 打印机的发明……7

3 擒住“踏着轮子的混世魔王”……12

4 走上T形台的汽车……18

5 改变世界的机器……24

6 开启便捷生活的拉链……30

7 篮球的发明……37

8 建材之王变奏曲——水泥的发明……42

9 人类想要的玻璃……47

10 肥皂的故事……53

11 香甜记忆的冰激凌……61

12 吉尼斯原来是啤酒……66

13 外科手术的福音——麻醉剂……72

14 发明只为婴儿出恭——纸尿裤……79

15 冷暖魔棒——温度计……86

16 超越视觉——显微镜......93
17 超越视觉——望远镜......100
18 牙刷......107
19 风筝与滑翔机......113
20 热气球......120
21 飞艇与气球......128
22 红绿灯......134
23 打字机......142
24 旱冰鞋......150
25 特殊的眼睛......157
26 有轨电车......164
27 胶底运动鞋的发明......172

NO. 1

传真机的发明

钟摆

传真机的起源颇有些神奇，它不是刻意探索的结果，而是研究钟表时顺带发明的。1842年，苏格兰人亚历山大·贝恩正在研究制作一个用电来控制的钟摆结构，他打算把几个钟连起来，同步行走。在研制过程中，他发现一个现象，就是这个时钟系统里，每一个钟摆在某一瞬间都在同一个相对的位置上。

这个现象使贝恩联想到，如果让一个钟摆通过有电接触点组成的图形或字符，那么和这个钟摆相连的另一个地方的钟摆就会复制出图形或字符。这个想法令他兴奋，他在钟摆上加了一个扫描针，相当于电刷，另外加了一个时钟推动的信息板，板上有需要传送的图形，它们是由电接触点组成的。在接收端同样有一块信息板，上面铺了一张电敏纸，当指针在纸上扫描时，指针里有电流脉冲，纸上就出现一个黑点。发送端的钟摆摆动时，指针碰到信息板上的点就发出一个脉冲。信息板在时钟的推动下缓慢地向上移动，指针便一行一行地扫描，信息板上的图形就变成了电脉冲传送到接收端，接收端的信息板在时钟的推动下也往上移，这样电敏纸上就出现了和发送端一样的图形。这是一个电化学记录方式的传真机。1843年，贝恩获得了英国国家专利。

亚历山大·贝恩正在研究钟摆结构

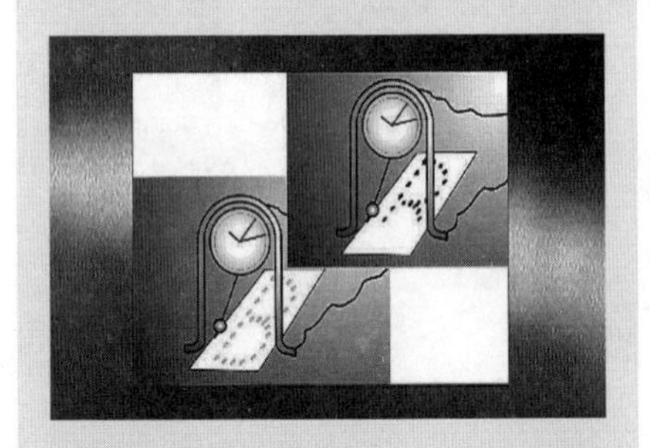

贝恩发明的装置

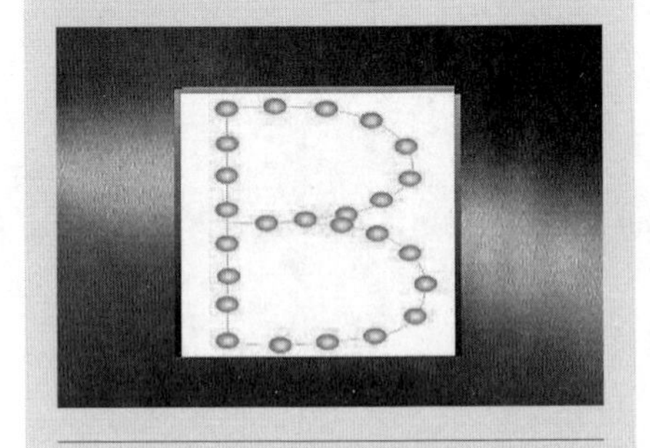

用电接触点写的字母B

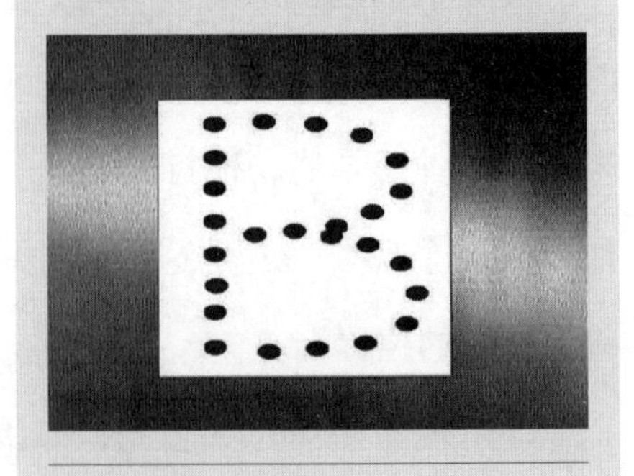

电敏纸上同步接收到的图像

1850年，有个人叫贝克卡尔，发明了另外一种传真的方式。他把传真纸放在一个滚筒上，一边是一个丝杆，扫描的探头沿着丝杆的方向运动，就在高速旋转的纸上，把传真的信号给复制下来了。这个传真的质量就大大提高了，第一份商业往来的传真件是1865年从巴黎发出的。

亚历山大·贝恩获得国家专利

但是这种指针接触式的扫描也有问题，因为这样看到的传真图像，永远只有黑色和白色，而没有灰度等级，就是它的颜色差别、深浅的差别不大，这样的传真机是没有办法传图案的。人们只能再探索新的办法。

1883年，在大学就读的保尔·尼泼科夫受到一种游戏的启发，使传真通信技术取得了突破性的进展。一天，课间休息时，尼泼科夫忽然发现左右邻桌的两位同学正在做一种游戏：他们桌上各放着一张大小相同的纸，纸上画满大小相同的小方格，在尼泼科夫右侧一方的同学在纸上涂了一个方格，然后按照一定的顺序告诉对方哪一个小格是黑的，哪一个小格是白的；对方按照右侧同学发出的指令，或用笔将小方格涂黑，或让它空着。这样，待对方同学将全部小方格都按指令处理后，纸上便出现了与右侧同学写的相同的字。尼泼科夫看着看着，不禁喊道："真是一个好办法！"

青年时期的保尔·尼泼科夫

任何图像都是由许许多多的黑点组成的。如果把要传真的图像分解成许多细小的点，借助一定的科学方式把这些点变成电信号，并传送出来，那么接收的地方只要把电信号再转化为点，并把点留在纸上，不就实现了图像的传真了吗？

怎样将图像分解成许多的点呢？尼泼科夫想起儿时玩过的风车。受此启发，他研制出了一个扫描装置：在图像前，紧挨着放置一个可转动的螺旋穿孔圆盘，在圆盘前面安装一个电灯。这样，当光穿过不断运动的孔时，就对图像形成螺旋式扫描。接着，要把变化的光信号转化成变化的电信号。这个任务由光电管承担是再合适不过了。因为光电管能根据光的亮度产生相应的电流。发送装置就这样大功告成了。接收装置只要像电报机电码的复原一样，采用与发送相反的方式就行了。当然，受当时电子科学技术发展水平的限制，这台圆盘式传输装置的传真效果还不理想，但它为后来的研究者指明了研究方向。

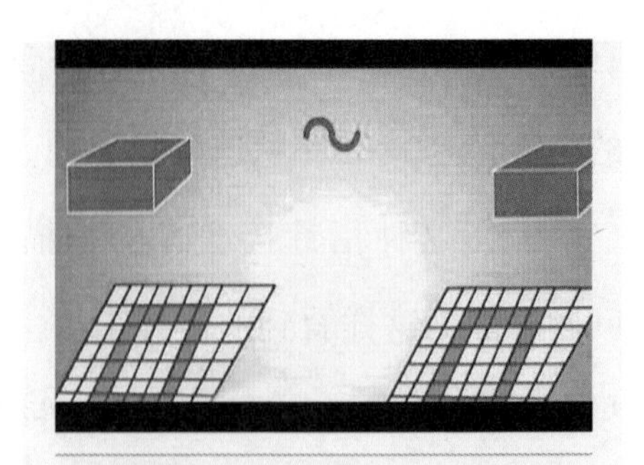

尼泼科夫设想的传输方式

中年的保尔·尼泼科夫

尼泼科夫的装置

最早的商业文件往来的传真件，是从法国传出的。1914年，同样是在法国，第一次在报刊上刊登出了用传真传送过来的新闻照片。当时有些富人，当他们在地中海休假的时候，就通过传真的办法签字，指

贝雅得的传输装置

挥巴黎的银行去做交易。

当然，传真最大的好处是远距离传输图像或者文字。现在的传真机传输一页文件的速度大约也就是五六秒钟吧，但最开始的时候，传一份A4纸大的文件，大概需要6分钟。即使是需要6分钟，也比原来的邮寄或其他方式快多了。所以在早期，传真机开始普及使用的时候，很快就在另外一个领域派上了用场，就是缉拿罪犯或者逃犯。第一张罪犯指纹的照片，就是从纽约传真到芝加哥的。

1925年，美国无线电公司研制出了世界上第一部实用的滚筒式传真机。使用前，将发送的图像卷在滚筒上，灯发出的光被透镜聚集成一点，照射在图像上。受图像上画面明暗的影响，反射出强弱不同的光，这种光再射到光电管上，形成强弱不同的电流。这种传真机只是将圆盘扫描变成了滚筒扫描。

今天，传真机的基本形式已经固定下来。

在新闻发展史里，二战以后，曾经出现过一种热潮，就是把报纸利用传真的方式，传到人们家里，就像现在通过电子邮件去订阅一些电子读物一样，用这种方式来读报。

现代传真机

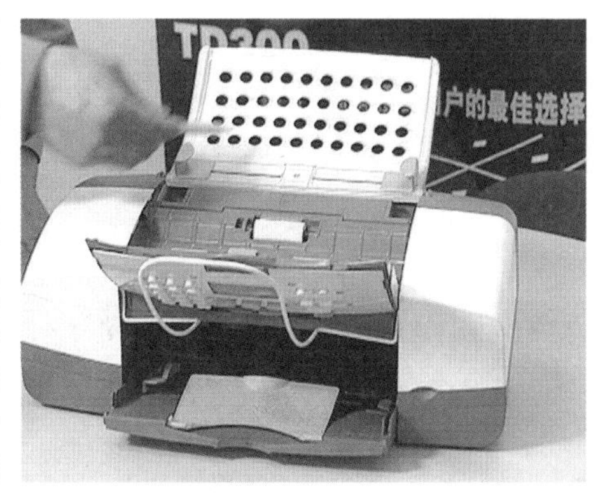

现代多功能传真机

传真机刚出现的时候，主要还是在军队里，在商界，还有个别旅行家使用。它没被推广起来的一个重要原因就是没有统一的标准。后来电子工业协会发布了第一个关于传真的标准，就是所谓的一类机，规定传输一张A4纸需要4到6分钟，后来又出现了二类机、三类机，速度就越来越快了，有的1分钟可以传150张左右，而且价格也越来越便宜。传真机就这样走入了我们的办公室、家庭，真正走入社会了。

（吕洁）

NO.2 打印机的发明

针式打印机

打印机是随着电脑的出现相伴而生的。许多人是伴着针式打印机那嘈杂的嗒嗒声度过学生时代的。从9针到24针，针式打印机一直在不断地改进打印质量。然而今天，只有在银行和超级市场才能看到它的身影，那是因为它有着其他打印机无法替代的功能：多层套打。而另一方面，由于针点大小固定，又无法控制浓淡，在打印图像时，这种打印机几乎没有什么优势，大家开始研制新的打印技术，喷墨打印机则是这场技术大战的大赢家。

煮咖啡带来的启示

几个打印机的生产厂商都在讲着类似的传奇故事：一位工程师在工作的时候感觉累了，他偷偷跑出去煮咖啡，匆忙间咖啡溅了出来，他被烫得跳了起来，咖啡溅到了他的衣服上……他怔怔地待在了那里。对呀，如果在打印机里装上墨，让墨汁恰到好处地喷在纸上，不就是一种打印方式吗？这一偶然得来的灵感，变成了积极的目标，它最终成就了一项发明。

计算机按照硬件的驱动程序，把相关的我们看到的文字图像转换成相应的打印机所能识别的命令，形成一个点阵的图像。我们可以把它理解成当计算机没有发数据过来的时候，墨水是不出来的；开始发数据过来的时候，才出墨水。墨水的速度是很快的，很细小的一个墨滴，是通过一个，或者是压电方式，或者是气泡加热方式，把墨滴从墨水腔里喷射出来。

市场上有不同厂家的产品，但原理都大同小异，就是喷嘴在电场的作用下高速喷出墨水，在打印纸上形成文字或图案。

打印机的发明还有另外一种版本，有一个工作人员，把一个电烙铁不小心搭在一个注射器的针管上了，当时针管里边装满了墨汁，针管爆炸了以后，墨汁溅得到处都是，这个人从这里受到了启发，发明了喷墨打印机。

喷墨打印机

盖瑞·斯塔克维

激光

激光传输信号

提到漂亮清晰的激光打印，我们就不能不谈到盖瑞·斯塔克维，他被人们誉为“激光打印机之父”。

红宝石激光发射仪的成功让盖瑞想到，激光可以比任何普通的白光更准确和迅速地在静电复印机的鼓形圆筒上描绘出图像，可惜他的这个伟大构想并没有被顶头上司认同，还被冠以“叛徒”的称号。

在这段前景显得黯淡的日子里，盖瑞没有放弃梦想，他构思：就像收音机音波或者电话线的脉冲一样，光束如此精确，以至于可以通过对它进行调控来传送信息。如果人们可以驾驭光束并用它可靠地传输数字信息，然后将数字信息翻译成记号印在白纸上，那么这个奇迹就可以使人将机器中产生的图像传递到纸上。他将一台激光仪器与一台被淘汰的每秒复制7页的旧复印机连在一起。尽可能每天早上或者深夜挤出一两个小时，用激光束来撞击废弃的静电复印机的鼓形圆筒，反复进行着同样笨拙的实验。

后来，盖瑞终于有机会调到一

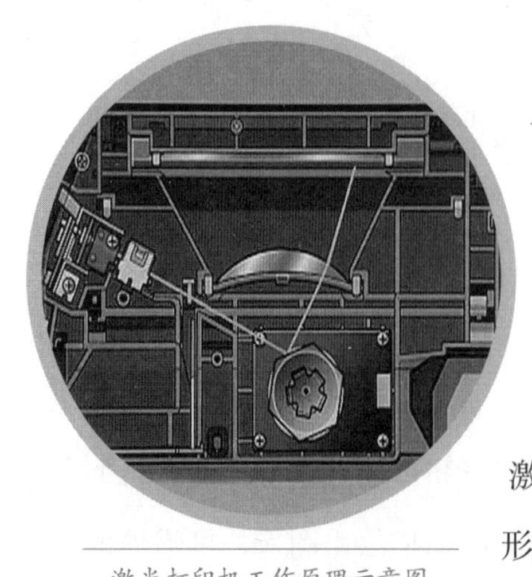

激光打印机工作原理示意图

个新的研究机构，专门从事他的激光打印机的研究。1971年11月，盖瑞研制出了世界上第一台激光计算机打印机。

开始操作时，计算机发送打印作业命令，经过控制器转成打印机识别的语言，对激光的通断进行控制，把它照射在感应鼓上，形成一层不带电的区域，吸附带电的碳粉粒子，形成一个碳粉的影像，这就形成了图像。

激光打印机打印出的图像清晰漂亮，激光的作用是普通光线所无法比拟的。

激光就像我们平常用一根棍指向某一个位置，指向哪儿，就是哪儿，它不像白光一样会到处散射，不好控制。

除了图像清晰，激光打印机的打印速度也是惊人的。如果在同一时间里，针式打印机打出10页纸，喷墨打印机则可以打出20页纸，而激光打印机是30页纸。打印机的出现标志着印刷业的革命，也使人类享受到了真正的便利。

但是打印机有时候也会出毛病。有一个经典的故事，说有一个职员想跳槽，自己准备了一份简历，他点击了一下，打印机就慢慢把他的简历打出来了，他拿着简历走了，但是他点击的时候犯了一个错误，他双击了一下这个打印件。结果原先的老板就炒了他的鱿鱼，原来他走了以后，打印机慢慢地又打出一份简历。

早期的激光打印机

现在市场上存在这么一种现象，只要买一个喷墨打印机的墨盒，就送一个打印机。为什么打印机会成为诱饵呢？

都说买的没有卖的精，难道商家的脑子出了问题？当然不是，天上不会掉馅饼，羊毛就出在羊身上。商家就是要赚墨盒的钱。

喷墨打印机发明以来，喷墨技术已经明朗化，墨水却始终没有一个令人满意的配方，为了解决快干、不洇开、不堵塞、环保、色彩艳丽、可长久保存等问题，各大厂商各显神通，而和墨水相配的墨盒便停留在惊人的高价位上。墨盒里加上了智能芯片，就无法灌其他墨水，使用者犹如上了钩的鱼，只能不断地买同一厂家的墨盒。

由于有些墨盒里边加上了一些IC芯片，很可能就会在注墨以后漏墨，造成墨盒的烧毁，严重的可能会影响打印机。

墨盒不能通用，因此市场高度垄断，巨大的耗费使得商家稳获来自墨盒的超额利润。成吨的废弃的耗材污染着我们生活的环境，而成捆的钞票也流进了那些投下巨大诱饵的商家的腰包。

目前已经有很多人在研究这个现象，如果能够制定一个中国人自己的墨盒标准，让它不再受某一个厂商所生产的打印机的限制，而让打印机和墨盒分离开，就可以打破这种垄断。所以，借鉴之后创新，在原有的基础上去创新，用别人的科学知识，丰富我们自己的头脑，丰富我们的技术，来创造出新的东西，确确实实是我们每一个中国人都应该认真去思索的问题。

（吕洁）

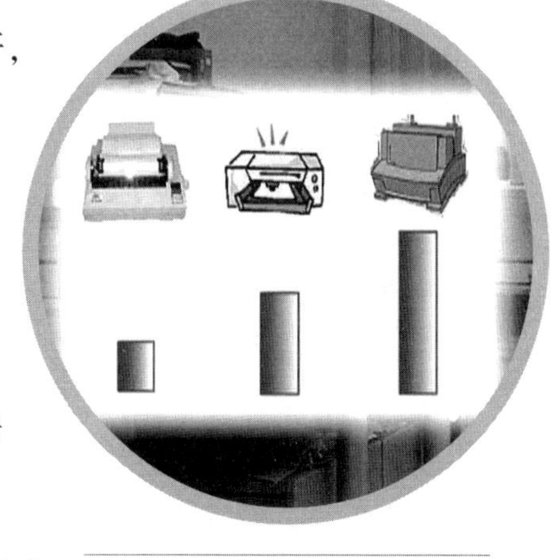

三种打印机的打印速度比较

NO.3 擒住“踏着轮子的混世魔王”

电影《青松岭》中的一个镜头

一列制动不灵的火车就是一个“踏着轮子的混世魔王”。怎样才能让它在安全距离内停下来呢？这要归功于一个伟大的发明家——美国的小乔治·威斯汀豪斯。

火车最早在轨道上走的时候是靠马拉，它的刹车和马车的刹车系统是一样的，就是一个棍一拽，后边就把轮卡住。想刹车的时候，司机在前面要发一个信号，每一节车厢上配备一个专门的人负责刹车，有了信号，大家一块往外拉，同时前面把马吆喝住，和现在自行车的刹车差不多。可是轮子容易把住，马就不那么容易控制了。以前有一部电影叫《青松岭》，万山大叔赶着马车，一过山口马就惊，万山大叔是一个赶车的高手，他都控制不住，所以说这种刹车方式是很危险的。当火车不再用马拉，而用蒸汽机带动的时候，火车速度越来越快，刹车就更为关键了。由于经常出事，当时的人们把火车叫作“踏着轮子的混世魔王”。

小乔治·威斯汀豪斯

1846年10月6日，小乔治·威斯汀豪斯出生于美国纽约州一个名为布里奇的村子里，他的父亲是一个农具制造商。威斯汀豪斯从小就喜欢摆弄父亲工厂里的那些机械，有时还寻思如何加以改进。虽然这些想法从来没有付诸实施，但这种探索精神为他日后成为大发明家奠定了基础。

长大以后，威斯汀豪斯进入了铁路部门工作。工作期间，他亲眼目睹的一场由于火车刹车不及时而酿成的惨祸改变了他的一生。那一天，他突然发觉奔驰的火车前面不远处停着一辆马车，火车司机立即拉响汽笛，制动员们则竭尽全力扳下闸门，但火车在巨大惯性的推动下还是径直撞向了马车，只听到“轰”的一声，惨祸就在眼前发生了！

火车拉警笛

威斯汀豪斯被深深地震撼了。他发誓，要用自己的智慧攻克火车制动的难题，彻底制服这“踏着轮子的混世魔王”。

为了攻克难题，威斯汀豪斯首

先着手调查现有制动装置的结构与制动方式。他了解到，火车之所以不能及时刹车，是由于制动器以车厢为单位，司机无法控制全车制动系统，而人力操作体力有限、反应不一，造成刹车不力。威斯汀豪斯认为，要克服这些弊病，新的制动器必须彻底抛弃分离的制动方式，采取全车连动，让火车司机一人操作制动系统。而要达到这一目的，关键是要有强大的动力。

关于动力，威斯汀豪斯倒并不担心，因为当时的火车都是蒸汽机车，既然蒸汽的强大力量能带动火车飞驰，那么用它来制动车闸当然更加不成问题。于是，威斯汀豪斯根据这一设想，设计了一台蒸汽制动器，这台制动器的按钮就安装在司机座位旁边，一旦需要紧急刹车，司机就可按下按钮，让蒸汽进入与各节车厢连接的管道，把闸瓦压向车轴；被闸瓦抱紧后的车轮不能再转动，列车也就停了下来。可是他没有想到，当机车里的蒸汽通过长

列车上的制动员

制动员扳动闸门

制动员扳动尾车闸门

长的管道到达各节车厢时，大部分都已凝结为水，当然也就不能推动闸瓦移动了。

蒸汽制动器失败了，改用什么动力来制动闸瓦呢？威斯汀豪斯陷入了深深的沉思之中。一天，他偶然翻开一张报纸，看到一条不起眼的消息：法国在开凿蒙赛尼山的隧道时，所用的凿岩机是用压缩空气带动的。压缩空气？对，就用压缩空气！他立刻想到，既然压缩空气能带动凿岩机工作，当然也应该能带动火车制动器工作，而压缩空气不存在冷凝问题。

威斯汀豪斯立即动手，又设计出一套以压缩空气为动力的火车制动器。他在火车上安装了一台空气压缩机，机车工作时，同时把空气压入储气柜中，储气柜通过管道与各节车厢的汽缸相连。需要刹车时，司机只需按动按钮，打开储气罐的阀门，压缩空气便冲入管道，推动汽缸里的活塞，活塞将刹车闸瓦紧压在车轮上，使车轮停止转动，列

列车启动时冒出的蒸汽

列车的制动汽缸

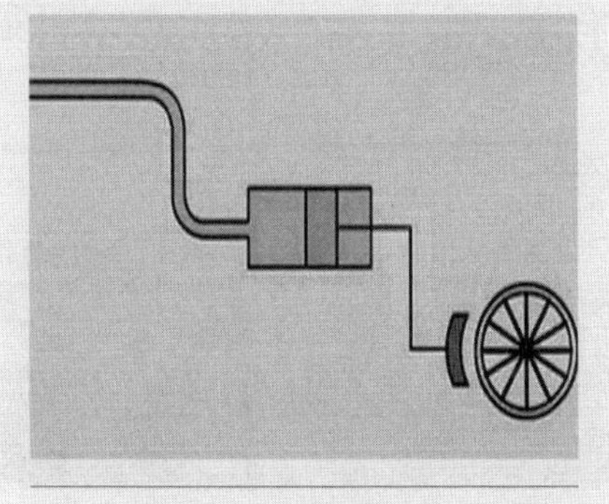

列车制动示意图

电影《卡桑德拉大桥》中的镜头

车随即停下。由于压缩空气的冲力很大，所以产生的制动力很强。威斯汀豪斯的这一发明是切实可行的。经过不断改进，火车的空气制动器终于研制成功。1869年，年仅23岁的威斯汀豪斯获得了空气制动器的发明专利权。

1870年，美国政府规定，所有的铁路必须装这种空气制动装置。这对火车运输安全，是一个非常重要的保证。可以说威斯汀豪斯的这项发明挽救了无数生灵。有一部电影叫《卡桑德拉大桥》，那个在断桥头紧急刹车的场面让无数人惊心动魄。而这个电影故事是发生在20世纪，假如这个故事发生在1868年之前，还没有空气制动器，那结果就不堪设想了。

从火车诞生起，车辆制动系统在车辆的安全方面就扮演着至关重要的角色。近年来，随着车辆技术的进步和火车行驶速度的提高，这种重要性表现得越来越明显。众多的火车工程师在改进火车制动性能的研究中倾注了大量的心血。目前，关于火车制动的研究主要集中在制动控制方面，包括制动控制的理论和方法，以及采用新的技术。对于现在的磁悬浮列车，制动是制约其发展的主要因素之一。

无论什么样的高速列车，除了相应的制动系统外，最终起到保驾护航作用的是制动装置中的空气制动器。所以人们把威斯汀豪斯叫作“火车安全的守护神”。

过去使用的手轮制动

现代高速列车

威斯汀豪斯一生中注册了很多公司。但是在发明了空气制动器以后，他用他的名字注册了一个叫作西屋电器的公司，就是WESTINGHOUSE。他后来还发明了转轨器、新的铁路信号器，使得铁路的安全得到了更多保证。威斯汀豪斯一生中有300多项发明。他一天只睡四五个小时的觉，把所有发明的过程都看成是一次次的历险。他跟爱迪生是同时代的人。爱迪生到了晚年的时候，可能出于要维护自己的荣誉、利益的考虑，曾经竭尽全力地阻止威斯汀豪斯推广他的交流电系统，因为当时都是直流电，是爱迪生发明的。但是，威斯汀豪斯通过不懈努力，最后在美国的尼亚加拉瀑布发电的这项工程中，以只有爱迪生一半的价格拿下了招标。他是首先在世界上规定除了星期日以外星期六可以休息半天的老板，而且他规定了可以带薪休假，对退休的老人还支付养老金。威斯汀豪斯不仅制服了“踏着轮子的混世魔王”，还让我们更加方便地使用上了电能，大家都应该记住这位和善的老人。

（吕洁）

NO.4 走上T形台的汽车

福特T型车

T型台已不仅仅是服装模特的天下；汽车，这一高技术工业产品，也正走上时尚的舞台，而在其时尚的外形变化下，技术的进步更加令人瞩目。

法国人在整个汽车发明史上起的作用特别大。有两个法国人，分别在汽车的发明过程当中制造了两个第一。

从19世纪末到20世纪初，世界上相继出现了一批汽车制造公司，当时的汽车外形基本上沿用了马车的造型。戴姆勒车的发明者把他的发动机放在一个四轮马车上，因此，当时人们把汽车称为无马的“马车”，马车型汽车很难抵挡风雨的侵袭。后来有两个法国人勒内和艾米尔，把戴姆勒的专利买过来，经过研究，把一个两缸的发动机放在四轮马车的前面，而且还加了一个车身盖子，并做了一些更改，人坐在后面，货物也放在后面。他俩谁也没想到，后来这就变成了一个标准的车的摆放形式。法国人路易斯·雷诺，第一个制造出了有驾驶室的汽车，另一个法国人雪铁龙把木质结构的车变成全钢的无骨架的结构，他们做了一个实验，把一辆刚制造出来全钢结构的无骨架汽车从悬崖上推下去。如果是木车，肯定就散架了，但是他那辆车只是有点变形，证实了它在安全性能上是一个革命性的进步。1934年，雪铁龙第一个制作出了一个整体车厢和一个底座相结合的汽车，他还是第一个在流水线上生产出前轴驱动汽车的人。法国人对汽车的发展贡献是很大的。

福特厢型车

美国福特汽车公司在1915年生产出一种新型的福特T型车，这种车的车室部分很像一只大箱子，并装有门和窗，人们把这类车称为“箱型汽车”。

甲壳虫汽车

随着生活节奏的加快，人们对车速的要求也越来越高。要想使汽车跑得快，有两条主要途径，一是增大功率，二是减小空气阻力。作为高速车来讲，箱型汽车是不够理想的，因为箱型汽车的外形完全根据内部的需要来设计。它的阻力大，大大妨碍了汽车前进的速度。所以人们又开始研究一种新的车型——流线型。

船型车

最为成功的流线型车是德国的甲壳虫汽车，它也开创了汽车外形设计的先河。甲壳虫汽车曾经是世界车坛上销量最多的汽车。除生物学家外，很少有人会喜欢黑不溜秋的甲壳虫，但谈起德国汽车设计大师波尔舍设计的甲壳虫汽车，许多人都会津津乐道，有人把它叫作最丑陋的汽车，也有人认为它是最可爱的车。

现代汽车设计师

“甲壳虫”得名于一个美国记者的讥讽性报道，是德国大众生产的第一辆轿车，它的由来有着不为人所知的政治因素。它诞生于20世纪30年代的第二次世界大战中，战后才开始为大众所接受。由于价格低廉，“甲壳虫”很快就爬遍欧洲和美洲大陆。一直到20世纪80年代，人

多用途厢型车

多用途厢型车的内部结构之一

们仍然钟情于它，甲壳虫汽车已成为一款永恒的经典。到1981年甲壳虫停产时，已经累计生产了2 000万辆，打破了福特T型车的产量记录。

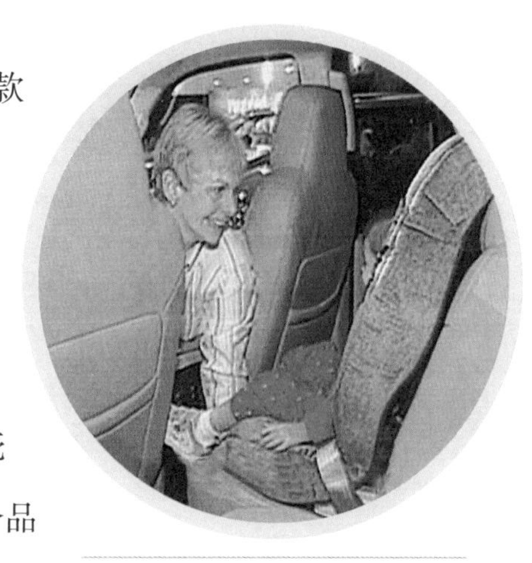

多用途厢型车的内部结构之二

从被人嗤之以鼻的样子怪怪的甲壳虫汽车，到人人津津乐道视为挚爱的甲壳虫汽车，它不仅创造了世界汽车史上一个品牌生产量最高的纪录，也使汽车设计走上了前台。

美国福特公司经过几年的努力，于1949年推出具有历史意义的新型的福特V8型汽车。这种车型改变了以往汽车造型的模式，使前翼子板和发动机罩、后翼子板和行李舱罩浑然一体，大灯和散热器罩也形成一个平滑的面，车室位于车的中部，整个造型很像一只小船，所以人们把这类车称为“船型汽车”。福特V8型汽车的成功，不仅仅在外形上有所“突破”，而且还首先把人体工程学应用在汽车的设计上。强调以人为主体的设计思想，也就是让设计师置身于驾驶员及其乘员的位置，来设计便于操纵、乘坐舒适的汽车。

不管什么样的车型，总会有一些缺陷。比如说甲壳虫型的汽车，它在行驶到160千米以上的时候，如果有比较强烈的侧风过来，就会打偏，容易偏离车道。还有船型车，因为它的尾部过于向后伸出，就造成一个阶梯状，高速行驶的时候就会产生空气漩涡，也很危险。后来针对船型车，设计师就把它的尾部车窗弄得有点倾斜，好像是鱼的脊背的样子，就出现了鱼型汽车。美国最早的鱼型汽车是别克车，1964年克莱斯勒又推出顺风牌的鱼型汽车，1965年福特推出野马牌汽车，都是鱼型车。现

运动型多用途车之一

在市面上看到的很多汽车，基本上都是鱼型车。

但是鱼型车也有一个问题，当开到高速的时候，鱼型车会产生一种升力，就是老司机们讲的车开快了以后感觉像是在飘。当有横向风来的时候，也会跑偏。设计师又在汽车的尾部压上一个鸭尾巴形状的金属条，叫作鱼型鸭尾车，这种车开快了的时候就有一种抓地的力量。

之后，设计师又设计出一种楔型车，就是从高的地方向前面直接倾斜下去，后面像刀切一样，这就很好地解决了这种汽车在快速行驶的时候可能产生的升力问题。在高速车里面，它是非常理想的一种造型，验证了“最简单的就是最好的”的道理。

汽车在设计和发展过程中，一个比较时髦的趋势是把个性化、休闲和舒适结合在一起。“子弹头型”汽车是20世纪80年代后出现的一种多用途厢型车，简称为MPV。这种车有着优美的流线型车身和可以移动的座椅，不仅具有轿车的舒适性，还可以变成野营车、小型货车或移动办公室。MPV一问世，马上引起了消费者的极大兴趣，销售形势非常乐观。各大汽车公司先后都推出了自己的MPV，使这种类型的汽车形成了一股强大的势力。

运动型多用途车之二

以前汽车的后排座位是固定不动、一成不变的，而MPV车内的每个座椅都可以独立调节，可以做成多种形式的组合，既可以是乘车形式，又可以组合成有小桌的小型会议室。从车厢座椅位置的固定到可调，从固定空间布置到可变空间布置，标志着汽车使用概念上的变革。

休闲车

受MPV设计概念的启发，现代汽车又出现了运动型多用途车，英文简称“SUV”，它具有轿车和轻型卡车的特点。在“MPV”与“SUV”的基础上，又出现了近年风靡全球的休闲车热浪。休闲车英文简称“RV”，在外形上突破了传统轿车三厢式的布局，车厢空间具有多用途、富于变化和适应性广的特点。在设计思想上，它承袭了MPV的基本设计概念——可变的车厢空间组合。

MPV的出现，才使汽车设计者突破了旧的框架，设计出从专用性到多样性的各种各样的家庭汽车。

（吕洁）

NO.5 改变世界的机器

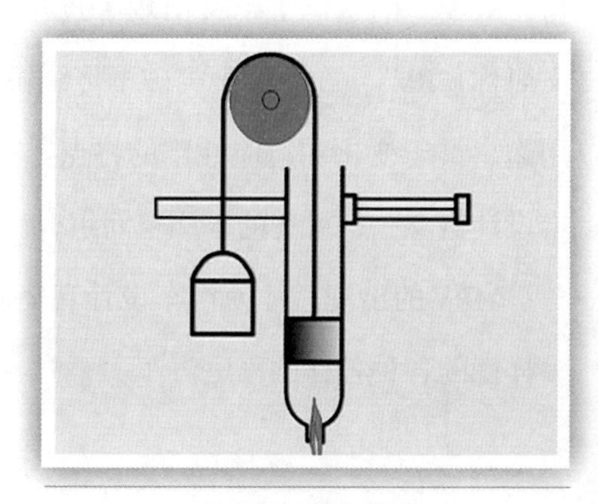

赫更斯的提水装置

在几千年的人类文明史当中，汽车只占了几十分之一的时间，然而，它却改变了世界。

在房龙的《人类的故事》里有这么一段话，说的是人类历史当中最有趣的一章就是人们总是想办法让别的什么人或者什么东西来为他工作，而他自己可以过着悠闲的生活。发明一个可以代替行走的工具是人类一直以来的愿望。

最早在1599年，有一个荷兰的物理学家叫作斯特宾，在他的车上装

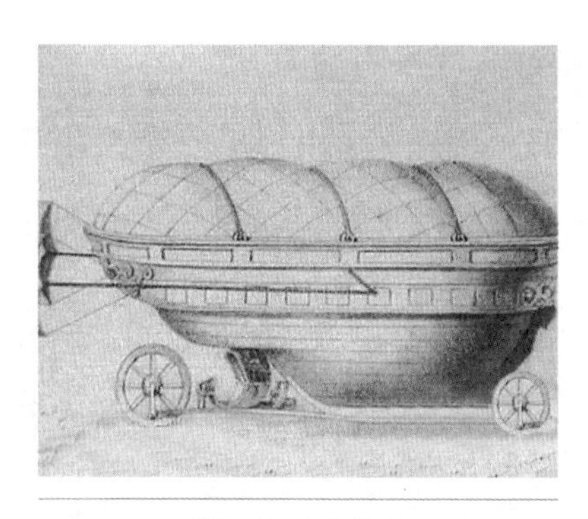
装帆的风力拉车

靠人踩踏的车

为拿破仑军队发明的车

了两根桅杆，在这两根桅杆之间装了一面帆，顺风一吹，还真跑得不慢，据说在海边的时候最快可以达到时速30多千米。后来，伟大的物理学家牛顿曾经设想过使用喷气的方法解决这一问题，但是由于种种原因，他没有做成实物。

说到车子的动力，还有一个故事，就是路易十四在修建凡尔赛宫的时候，曾经提出一个非常荒唐的要求，要把塞纳河的水运到凡尔赛宫的运河里边去。后来有一个荷兰工程师叫赫更斯，想出了一个主意：他做了一个很重的活塞，上边是一个桶，正常情况下活塞是在下面，桶是在上面，里面放了一些黑色的炸药，也就是中国的黑色火药，一旦点起来就把这个活塞顶上去了。活塞顶上去，这个桶就落下来装水。当废气排开的时候，就把水提到岸上来了，在某种程度上它可以算是一个小的发动机雏形。后来荷兰人纽考门想到一个方法代替火药，就是把当时酿造威士忌酒的大锅炉拿

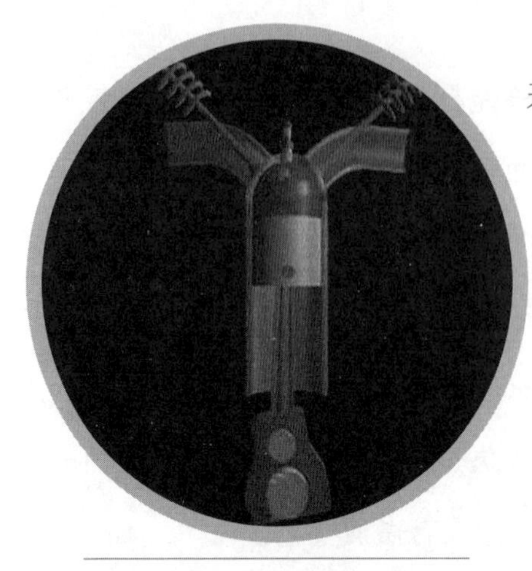

奥托的四冲程原理

来，用它制造蒸汽来当动力。

直到18世纪，才出现了靠蒸汽机作为动力源的可行驶的动力车。尼古拉斯·古诺制造了第一辆蒸汽动力车，这是一辆被法兰西军队作为运输工具的“怪物”。

1860年，巴黎的勒努瓦设计了第一个实用的内燃机，这种发动机缸里有两个活塞。后来奥古斯特·奥托在勒努瓦的发动机上，又增加了一个第四冲程——压缩冲程，使发动机有了一个完整的循环——吸入、压缩、燃烧、排出。奥托的四冲程发动机是一个伟大的突破，但它只能在静态下工作。

曾与奥托合作过的哥特烈特托戴姆勒，则一心要把四冲程发动机放到车上去。他在1883年来到斯图加特，投入了自己的全部财产来搞研究。为了提高发动机的输出功率，戴姆勒用液体燃料代替了气体，并使用了一种新型热管点火装置，这使得原来那小小的机器产生了1马力的功率。气缸里的汽油在被挤压和点燃前，先在一个表面汽化装置里被汽化，并与空气混合。不管当时的人们怎么想，在1885年斯图加特葡萄园的小道上奔跑的不是魔鬼，而是戈特利布·戴姆勒安全的气动马车。

卡尔·本茨发明的车

几乎在同时，在曼海姆的卡尔·本茨也基本上完成了他的杰作，此时他并不知道戴姆勒工作的情况。本茨也改进了四冲程内燃机，但与戴姆勒不同的是，他用一种电子封闭打火器和火花塞，使发动机的速度令人惊讶。1886年，本茨第一次试开了他的三轮汽车，它有一个精巧的、轻便的管型缸结构。这绝不仅仅是没有马拉的车，它是世界上第一辆真正的汽车。

福特的汽车流水线

汽车的发明和任何一项伟大的发明一样，过程非常漫长、非常艰难，整个过程中有很多人默默无闻地做了很多很重要的贡献，可是并没有被历史记载下来。在本茨发明汽车的两年前，即1884年，法国的戴波梯维尔发明了一个用内燃机装在汽车上的样机，但是这件事情始终没有得到周围人的认可，他也因此穷困潦倒。最后，走投无路的他把汽车上的这个内燃机拿到工厂的车间里，变成一个工业用的发动机，从此戴波梯维尔和汽车界就再也没有什么联系了。德国的卡尔·本茨是幸运的，在1886年的1月29号，他首先获得了汽车发明的专利，后人就以1886年的这个日子作为汽车发明的一个标志日。

对发明家来说，不光是机会，还需要勇气。当卡尔·本茨刚把汽车造出来的时候，问题还特别多，他觉得这个东西不太好意思拿出来给别人看，最后是他的妻子贝尔塔带着她的两个儿子，开着她丈夫的发明去看自己的母亲。其实从他们家到这位外祖母家只有100千米的路程，结果整整开了一天才开到。虽然这样，贝尔塔的这种壮举却把这个伟大的发明呈现给了世人，最后带到了慕尼黑博览会上。

中国的汽车，第一辆注册的是一名匈牙利人，第二辆就是慈禧太后的。慈禧太后坐车是不允许司机坐着开的，她命令他跪着开。可是跪着怎么开车呢？司机只好告诉慈禧太后，说车的毛病太多，坐上去很危险。

慈禧太后听后就不敢再坐了。从此这个车子就变成一个玩物摆了起来。

福特的T型车

真正把车变成大众的消费品带到普通老百姓的生活当中的人是美国的福特。福特是个农民，他有一个理念，就是无论如何要制造一种老百姓能买得起的汽车。他把整个生产过程工序化了，从事这些劳作的人叫作工序工，不需要很高的技术含量，只要简单地生产这个零件，这道工序就完成了，他一下子把汽车制造的成本大大降低了。

据说，孙中山先生非常欣赏福特的这种改革，他曾经给亨利·福特写过一封信，请他到中国来，帮助发展中国的汽车工业，但福特因为种种原因没有成行。

新中国的第一辆汽车是解放牌大卡车，"解放"两个字是毛泽东题写的。第一辆小车叫"东风"，它的车前头是一条金色的龙。它生产出来没有多久，长春一汽就又推出了"红旗"轿车，"红旗"轿车相对而言就比"东风"配置好些了，按现

早期的"红旗"牌小轿车

在话说，当时它也是有空调、自动挡，而且是V8发动机布局。这和当时世界上的汽车制造水平是相当的。汽车只有一百多年的历史，可是汽车却彻底改变了我们所生活的世界。

汽车改变人类的生活方式

人类的定居地大都是交通模式的结果。早期聚居在一起的人们倾向于定居在靠近自然港口或河畔的地方。随着铁路的发展，远距离交通成为可能，铁路通向的地方往往就是城镇和城市的定居地。交通的发展导致了现代城市的出现，而汽车的发明更使城市无计划地发展起来。有了汽车，城市便漫无目的地向外延伸，只要有公路，它就一个劲地向外扩展。这是技术发展带来的巨大的无法预料的变化突出的范例。

在美国，一些最有实力的大公司为了给汽车的发展铺平道路，有意地取消火车，鼓励人们依靠汽车，铁路因此成了汽车的牺牲品。

美国人曾花5年的时间写了一本书，叫《改变世界的机器》。的确，汽车的广泛应用远远超出了汽车产业本身。

从最直接的意义上讲，它扩大了人们的活动范围、加快了社会活动节奏，改变了人们的距离和时间概念。人们不再说哪里到哪里是多少里路，而是说多少车程。在这个过程中，人们的生产和生活方式、消费结构、商业模式也随之改变，进而影响到就业结构、社会关系、生活节奏，以及知识结构、文化习俗等。

汽车的快速发展改变了世界。

（吕洁）

NO.6 开启便捷生活的拉链

古希腊人用扣子将衣服系在肩上

20世纪有许多影响人类生活的伟大发明，飞机、火箭、尼龙、电视、网络、集成电路，而小小的拉链也被认为是20世纪最伟大的发明之一。为什么呢？因为拉链是一种非常容易操作的东西，假如把一个带拉链的包给猴子，猴子也能够轻轻松松地把包打开。谈到拉链，还是得从人类穿衣的变迁谈起。

达尔文的进化论认为，人类和猴子来自同一个祖先。穿衣应该是野蛮时期的人类区别于猴子的主要特征之一。最早的人类是用绳子、带子将衣物系在身上，后来古希腊人在肩部用环圈配合将束腰外衣扣紧，这可能是最早的纽扣了。14世纪欧洲人的服装从肘部到腕部、颈部到腰部都缝着纽扣，中国人用绳子盘成的盘扣尤为有特色。到了19世纪末的欧洲，从里到外的衣服一层层全部需要用带子或一排排的纽扣系紧，连靴子也要用纽扣或鞋带绑到膝盖的位置。一个人有时甚至需要半个小时的时间去穿脱衣服。

纽扣

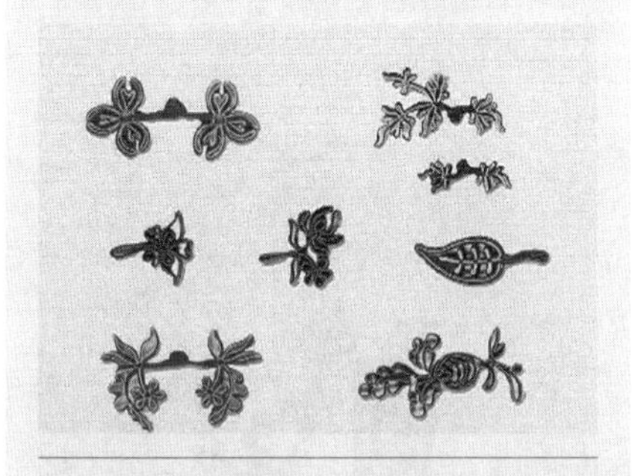

中国的盘扣

1851年，缝纫机的发明人伊莱思·豪申请了一项专利，叫作“自动的、可持续扣衣工具”。虽然这个专利没有推向市场，但它却是拉链的雏形，人类有了一个关于拉链的创意。

缝纫机发明人伊莱斯·豪

40多年后，一位美国机械工程师，天天被系靴子烦恼的威特康·朱迪森，在豪的基础上发明了“钩子锁扣”（clasp locker）。因为那时候没有柏油路，一下雨，地上都是泥，而且还混着马粪。所以很多人都愿意穿那种到膝盖或者高过膝盖的长筒靴，这种长筒靴穿或者脱都是非

系扣的靴子

常困难的，它有二十几个钢制的扣子，每天系来系去很费事。

1893年，朱迪森和合伙人路易斯·沃克在芝加哥世界博览会上第一次向人们展示了这种产品。但拉链的改进和推广过程却远不像它的使用那样简单，而是经历了许多磨难。最先看上钩子锁扣的，并不是制靴企业，而是美国的邮政部。美国邮政部的官员订了20个这种装钩子锁扣的邮包，由于经常发生机械故障，它们很快就被扔在一边了。朱迪森是一个特别执着的人，他继续改进他的发明。最后，在1904年，他发明了一种英文叫“C-curity”，也就是“C–安全”的锁扣。但在当时，这种东西在成衣界还是不被人承认。

原因有两个：一个就是整个成本翻番，花里胡哨，太昂贵了；第二个太名不副实，穿上它以后不能弯腰，而且不能洗。令人最尴尬的就是往往在最关键的时候，它不是忽然绷开了，就是卡死了，让使用者斯文扫地。在二战期间，有一次

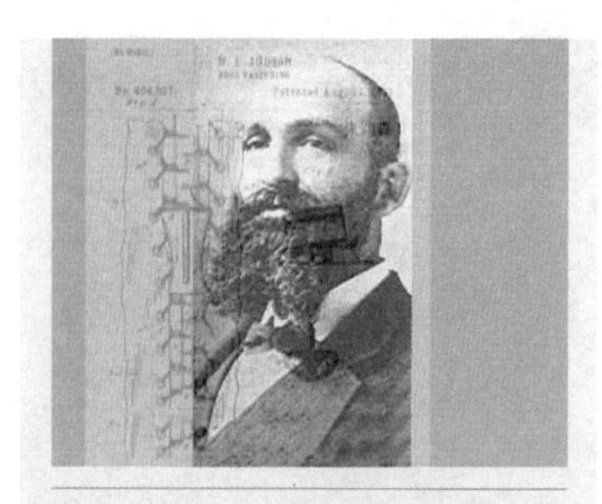

拉链发明人威特康·朱迪森

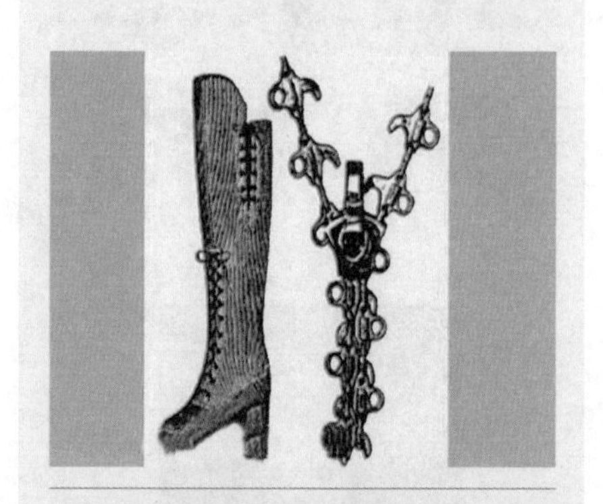

朱迪森的发明

现代拉链

美、英、苏三国首脑开会，会议正在紧张进行的时候，丘吉尔的助手走过来，给丘吉尔递了一张小纸条。丘吉尔看完了以后，非常威严地笑了一下。这下，把斯大林和罗斯福都弄得很紧张，以为世界上又要发生什么大事了。结果纸条上写的是：先生，你裤子的拉链开了。

C–安全拉链

朱迪森几乎都要萌生退意了。就在这个时候，转机出现了，有一个瑞典移民叫吉登·桑伯克，他想出了一种办法，可以使“C-curity”真的变得比较安全，当时就是采纳了他的这种设计。桑伯克是一个非常有毅力的人，他对自己这个产品也是不屈不挠的。但是大势所趋，正好赶上第一次世界大战，经济非常困难，产品卖不出去，要继续研究还需要投资。人们用了几个字形容他是“债台高筑，濒临破产”。而且那个时候，他个人的生活也遭受了一些打击，他的妻子当时因为难产去世了，那段时期朱迪森也去世了，他在临死之前把自己的产业交给了桑伯克。虽然大环境、小环境压力都特别大，桑伯克还是义无反顾地投入到对这种产品的研发当中。在1913年，他申请了“无钩扣件”的专利。到1914年的时候他又有了一次改进，在那个时候，“无钩二号”出现了。可是尽管不断地改进，当时的成衣商对他的产品还是很怀疑。无钩扣件这些产品，真正发挥作用是在第一次世界大战的时候，战争促进了对这种产品的应用。

吉登·桑伯克

吉登·桑伯克的发明：无钩二号

一个是军用的腰包，第二个是睡袋，第三个是可折叠的那些床铺，这些小柜子旁边都装了这种拉链，非常便利。再往后拉链就用到了飞行员的夹克上去了。

真正把拉链这个名字叫响的是一位非常精明的鞋商，他叫古德里奇。他在1923年的时候，向市场上投放了一批带有无钩扣件的高筒橡胶套靴。他当时是从使用拉链时一拉一开那种吱吱的声音里头获得了灵感。后来他想给这种东西起个名字，叫无钩扣件可能太拗口了，就叫ZIPPER好了。就这样，英文名字ZIPPER就这么被叫开了。和现代拉链非常接近的“无钩二号”，这才结束了几十年风雨飘摇的日子。

瑞士工程师德梅斯特拉尔受鬼针草的种子启发，又发明了尼龙搭扣带，使人类又多了一种方便的连接方式。

从纽扣到拉链、搭扣，拉链的发明是一个划时代的事情。今天的人们能够充分享受拉链给人类带来的便利，应该感谢朱迪森、沃克和桑伯克。

拉链是一项伟大的发明，它看起来简单，实际上发明它非常不容易，因为大自然没有给人类提供可以模仿的原形，它完全是独创的。发明者构想了用一系列错位的小的金属小片，互相衔接或自由开合来代替系扣子这种非常复杂的动作。它最妙的一点就是利用这个金属小片附着在弹性纤维上这种自由的形变，可以让它自由

鬼针草种子

地开合。

尼龙搭扣

从无到有，拉链的发明历经艰辛。今天，拉链从最初的金属材料演变成尼龙、塑料等其他材料，形状也变得各种各样。拉链还从制衣、制鞋、箱包业发展到一些高科技领域。在一些航天、潜水用具上，各种水密、气密性拉链在起到连接作用的同时还可以隔离外部的液体、气体、灰尘和光。拉链更让人们节约了时间，因为世界上一切财富归根结底都归结为对时间的节约，时间才是最重要的财富。

来自德国的医学家还发明了一种拉链式术后缝合绷带，术后创口护理时可以直接拉开拉链，不需更换绷带，伤口愈合后，病人只需自行拆下绷带，免去了拆线的痛苦。在Z–Z–Z–I–P声中，拉链已经走进了生活的方方面面，走进了人的思维观念之中。

我国拉链生产是跟世界同步的。1930年在上海建立了第一个拉链生产企业。到2003年的时候，拉链年产值就达到200亿人民币。把这些200亿价值的拉链绕着地球转，一共可以绕653圈，可以像缠毛线团一样把地球给包起来。

气密拉链

现在国外企业在拉链方面注册了许多专利，但大部分是高端专利，我们现在使用的产品大多还是低端产品，现在不会马上影响我国企业的生存，但是也必须解决这个问题。其实要解决这个问题并不是太难，首先可以去了解国外企业到底注册了多少（什么）专利，然后在这些专利的基础上设法改进创新，形成自己的专利，这样才能保护我们自己的企业。

（吕洁）

NO.7 篮球的发明

奈史密斯和篮球

无论是喜爱篮球运动，还是崇拜篮球明星的人，都不应该忘记篮球的发明者，他就是美国的詹姆斯·奈史密斯。

奈史密斯是美籍加拿大人，在美国麻省的春田学院一个神职人员训练所当体育教员，学员都是年轻力壮的小伙子。

麻省的冬天非常寒冷，11月就开始下雪，室外运动不得不停止，但当时的室内运动只有体操与器械操，精力充沛的小伙子们变得无精打采。校方希望奈史密斯能够找到一种可以引起同学活动兴趣的室内团体运动，

奈史密斯

让大家活跃起来。

该校所在地是一个盛产蜜桃的地方，各家各户都备有装蜜桃的篮子。一天，奈史密斯在市场看见工人在搬运水蜜桃，卡车上的工人和卡车下的工人合作无间，用投掷水蜜桃的功夫代替搬运工，而且工人们投掷技术高明，每投必中，这给了奈史密斯一个向篮中投掷球类的启发。奈史密斯把装水蜜桃的篮子钉在室内运动场两端，再用美式足球、欧式足球和冰上曲棍球的规则，拟定了十三条游戏规则。当时正值圣诞节假期的前夕。

在假期结束后的体育课上，奈史密斯将18位学生分成两队，每队9人，组织了第一场比赛，比赛结果是1 ： 0。虽然如此，学生们玩得兴高采烈，浑身大汗，一个个精神焕发，恢复了应有的活力。

后来，有位叫马洪的学生问奈史密斯这个运动叫什么名字，奈史密斯一时不知如何回答，马洪建议说："叫奈史密斯球如何？"奈史密斯说："不可，不可！"马洪又建议说："那就叫篮球（basketball）怎么样？"奈史密斯当即赞成。

篮球在美国开始普及的时候，首先受惠于它的是普通老百姓。很多穷人生活中没有太多的乐趣，赛球也是一种发泄。它不需要什么场地，不需要什么条件。但是那个时候没有什么规则，暴力事件经常发生。过去参

爬梯子取篮球

加球赛的时候，要戴着护胫、护肘、护腕、护膝，全身披挂好了以后再上去。即使这样，有时候还会受伤致残。

用棍子将球捅出

球员和球员之间经常发生暴力冲突，有时球员还会被球迷打。早期的篮球比赛，很多篮球运动员不敢到客场去打球，因为到了那里就不知道今天还能不能安全地回家了。所以当时用铁丝编的大网子把整个篮球场罩住，才能避免球迷袭击运动员。

现代篮球筐

当时球员在对方来打他的时候，经常会爬到网子上去。即便是这样，有时候还会发生碰撞，稍微不小心就把运动员挤到铁丝网子上去，经常刮得鲜血淋淋，所以很多人那时候管篮球运动员叫“笼人”。

乔丹

当然，随着社会的进步，篮球的规则越来越细化，裁判也越来越公正，篮球比赛也变得越来越文明了。可是器械水平跟不上也制约着篮球运动的发展，当时没有专用的篮球，只能用足球，拍不起来，弹

1992年奥运会上的梦之队

性非常差；再者当时的篮球是名副其实的，只要投进一个球，球就不能掉下来，还得爬上老高把球拿下来。

奈史密斯的篮子挂到了树干上或房子的墙上。据说有一次，一名慌慌张张的学生从梯子上摔了下来，他提出建议，能否不再上去拿球。这一“摔”，使篮球有了突破性的进展。虽然此事已不可考，但很有趣。

先是有人在篮子的下面开了一个洞，用一根棍子就能把球捅下来。后来一些有创造力的篮球运动员发明了活板门篮筐，里边的一根绳子就可以把球拉出来。到了1897年，人们开始用篮圈和网代替篮子。直到奈史密斯发明篮球后的第12年，才有人设计出带漏底的篮球圈和网，使投进去的球自己可以掉下来。

但是这个运动还需要改进。足球很难拍起来，而且太重，很难远距离投篮；运动员穿的体操鞋在光滑的木地板上很容易滑倒。

这时运动制品公司也开始对这项越来越普及的新兴运动感兴趣。比足球大、比足球轻，很容易拍起来的一种专用篮球发明出来了，还有鞋底带吸盘的篮球鞋也发明了。这时，奈史密斯发明的篮球才真正普及开来，在世界各地，角角落落都有了篮球的身影。

在篮球发明的背后，也有许多令人心酸的故事。当篮球被作为一项体育运动正式纳入奥运会项目的时候，奥运会邀请奈史密斯去参观篮球赛，并为冠军颁奖。可是没想到奈史密斯没有钱，筹不到路费，因此去不了。这件事情被他的继任人，一个叫艾伦的教练知道了，他就到当时美国篮球教练协会，也就是NABC去筹措了5 000美元，才让奈史密斯成行。据说奈史密斯在去世的时候留给他太太的是一个分期付款的住房贷款。篮球运动给那么多人带来快乐，可是它的发明人自己的结局却是那么悲惨。

空中灌篮

在奥运会的历史上，有一年是篮球迷们无法忘记的，那就是1992年的奥运会。美国职业篮球运动员头一次组队参加，这是一批史无前例的完美组合。乔丹、皮蓬、巴克利等NBA巨星组成了一支“梦之队”。

此时的篮球已不再单纯是一项运动，而是一种表演、一种艺术。在神化的乔丹领军下，“梦之队”所向披靡，所有喜欢和不喜欢篮球的人都产生了一种梦想……

（吕洁）

NO.8

建材之王变奏曲

——水泥的发明

埃迪斯通灯塔

18世纪的英国，在完成了第一次工业革命之后，对外贸易发达，航运繁忙。当时英国的普利茅斯港有一个世界著名的埃迪斯通灯塔，是用石块和木头堆筑而成的。但这个引导航船的灯塔不幸失火，使得夜间进出港口的船只经常发生事故，严重地影响了航运。因此英国政府公示，谁能建一个在水中不会轻易被摧毁的灯塔，将获得一大笔奖金。但政府的招标迟迟没人响应。不能眼看着事故的频繁发生，英国政府就将这个任务指定给当时一位著名的建筑师斯米顿，要他限期重建这座灯塔。斯

寻找合适的黏合剂

米顿接到命令后不敢怠慢，急忙开始调运大量的石灰岩，准备焙烧制作建筑胶粘材料。当时建筑用的类似今天水泥的黏合剂叫罗马砂浆，它是用白石灰、沙子和火山灰混合焙烧制成的，那时人们认为白色的石灰岩是制造罗马砂浆的最佳原料，但这次运来的石灰岩带有黑色。斯米顿认为这是劣质品，心里烦躁不安，但他再三催促，运到的石灰岩还带有黑色。政府的限期使他不得不用这些带有黑色的原料，将就烧制出罗马砂浆。意想不到的事情发生了！用略带黑色的石灰岩焙烧制成的黏合剂，质量竟远远超出白色石灰岩烧制的罗马砂浆，而且这种材料在水中的强度也大大提高！斯米顿马上分析，发现黑色的石灰岩中含有黏土的成分。聪明的斯米顿断言，这次烧出来的砂浆黏合性能之所以提高，可能就是因为增加了黏土。他又进行了一连串的实验，证实了加一定比例黏土的石灰石制成的砂浆，黏合性能更好。普利茅斯港口的灯塔就用的是这种胶粘材料，这座灯塔在风雨里屹立了一百多年。斯米顿为世界建筑找到了一种廉价的材料，这种胶粘材料比原来的材料进了一大步，是石灰过渡到水泥重要的第一步，可以说是塑造了现代水泥的雏形。

斯米顿发明的水泥只是一个开头。他在煅烧石灰石的时候，里面掺有黏土，但是黏土到底有多少，很多人都在追踪这个问题。美国人也好，英国人也好，法国人也好，到处去找要么含黏土的石灰石，要么就是在烧制石灰石的时候加一些黏土。当时还有一个人，不光是在配比材料上下功夫，他还特别在煅烧技术上动了点脑筋，这个人是英国的一个泥瓦匠，叫阿斯普丁，他把石灰石、黏土混合在一起，放在炉火中烧，烧出来以后，他发现无论是硬度、外观，还是色泽，都和英国的波特兰岛（那个岛上有很好的石材）的石材特别相似，他干脆把自己的这个东西命名为波特兰水泥，就这样“水泥”从此叫开了。

当年展览会上展出的水泥

波特兰水泥性能好的原因之一，就是煅烧的温度比较高，但是他在申请专利的时候没有把这点写出去，他是留了心眼的，没有跟所有的人说这个秘方到底是什么。

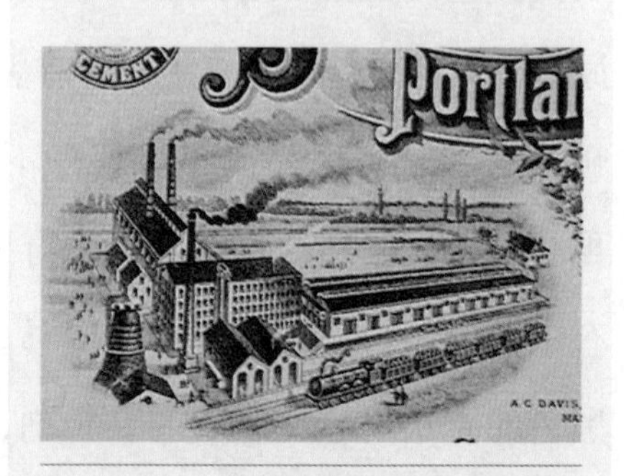

波特兰水泥标识

后来有一个叫约翰逊的英国人，对波特兰水泥进行分析，他发现只要控制住两点，这种水泥就可以保证它的特性。一个就是黏土所占的比例大概在20%左右，另外一个就是煅烧的温度在1 300℃左右，有这两个特点，就可以保证水泥的性能。

泰晤士隧道图

自阿斯普丁申请水泥的发明专利起，到现代水泥问世，这个发明很快就产业化，并推广到世界各地。水泥的早期作用主要是用来黏合建

约翰逊

阿斯普丁家庭成员

阿斯普丁工厂

三峡大坝

筑材料，这时水泥的地位还是辅助性的。后来水泥一跃成为建筑舞台上的主角，这是因为发明了混凝土。混凝土是把水泥、沙子、石头混合加水制浆，因为它具有很好的可塑性，混凝土一经出现，在很大范围内替代了传统的砖石材料。但是混凝土抗拉强度低，为弥补这个缺陷，钢筋混凝土出现了。今天我们在世界各地看到的高楼大厦，绝大部分都是钢筋混凝土建筑。钢筋和水泥“双剑合璧”，成为改变世界景观的重要材料。

从阿斯普丁发明波特兰水泥到现在，它的主导还是用在建筑上，但是发展到现在，也有很多其他一些特殊用途和专用用途。

隋同波（中国建筑材料科学研究院高级工程师、博士生导师）说：“现在可以做成彩色的水泥，做成一些耐火的水泥，也可以做成一些快凝快硬的水泥等等。我国研发出了60多种具有特殊用途的水泥。另外，水泥不仅仅是作为传统的材

现代水泥厂

料，而是作为一种新型的材料，比如说把聚合物加到水泥里，经过特殊的加工工艺，可以做出水泥弹簧，甚至可以做出一种防弹的材料，它的性能令人吃惊。”

无论是对水泥材料改进性的技术创新，还是特种水泥的发明，今天都是以节能、降耗、环保和提高水泥性能为前提的。我国作为世界水泥产量最大的国家，在一些特种水泥的研发上，居于世界领先水平。

比如三峡大坝用的一些低热水泥。因为水泥和石灰一样，加水它会发生反应发热，大坝体积巨大，内部反应的热量积累到一定程度，就会出现因内外温差产生的裂缝。我国研制的低热水泥，反应时产生的热量很低，能够有效地避免开裂，而且强度耐久性更好，同时这种材料的生产还节约了大量的天然矿物资源和能源。

在火箭呼啸升空时，承受发射时的2 000℃以上火箭喷射火焰的导流槽，就是特种水泥中的耐火水泥。

我国南极长城站、中山站建筑用的水泥，是我国研制的特种快硬水泥，能在−25℃的寒冷地区，和水快速反应，靠自身集中发出的大量热量，把自己烘干，而且后期强度很高。水泥也在不断挑战极限。

（闫珊）

NO.9 人类想要的玻璃

教堂彩色玻璃

人类希望自己的住房既能抵御寒冷，又能留住阳光，于是玻璃就用在了窗户上。最初制作窗户一类的平板玻璃，是利用古老的铁管吹玻璃的办法，就是工人用一根铁管吹气，吹出一个筒状的大玻璃泡，然后再用剪刀把它剪开摊平，冷却后得到一块平板玻璃。但窗用平板玻璃的需求量很大，传统的手工作坊供不应求，种种因素促成了比利时人用机器制造平板玻璃的发明，从而实现了玻璃生产的工业化。大量的平板玻璃很快就镶嵌在了许多建筑的窗户上。

最早的时候，我们装在窗上的玻璃，如果你在屋里头，冲着它上下低头看，外面的景物样子会发生变化，它会变形，里头一棱一棱的，当然这是透明的。在生产的时候，往上一拽一拽的，就出现了这种横的棱。

吹玻璃

这是传统生产方法的一种缺陷。这种看出去有点变形的玻璃，其实做窗玻璃倒还行，要做成镜子，就成哈哈镜了。

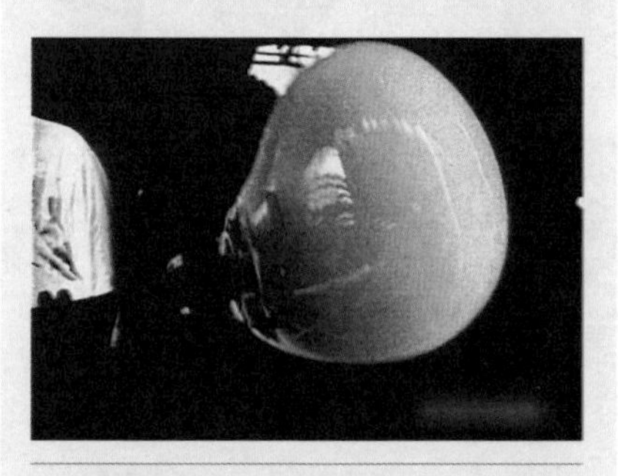
吹出玻璃泡

如果是做汽车的玻璃，或做一些精密仪器，那肯定不行。这种玻璃还要磨制。最早是手工磨，后来是机器磨。

倒出玻璃液

英国人皮尔金顿自己拥有一家做平板玻璃的公司，有一天他看到一个很偶然的景象，水面上平平地漂浮着一层油，看着油，他就想，如果玻璃液也能这样漂在水面上，不是很轻易就可以做出大块平板玻璃来了吗？

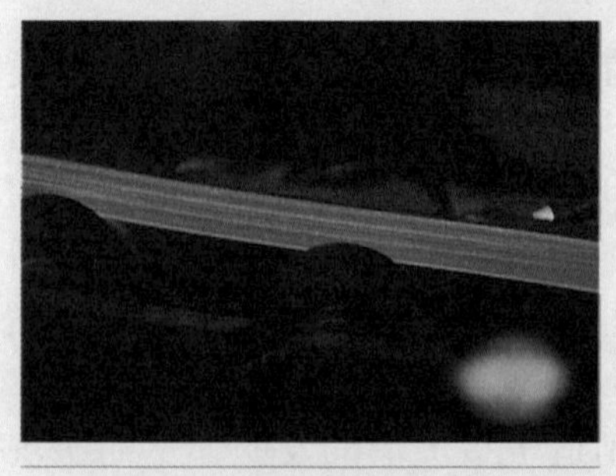
正在做平板玻璃

皮尔金顿组织自己的公司根据这一设想，开始着手实验。如何让

皮尔金顿

做出平板玻璃

水上浮一层油

熔化状态的玻璃液体浮在另一种液体的表面上呢？这就需要选择一种能托起玻璃液的液体，首先它要比玻璃重，比重大，玻璃液不至于陷下去，其次它的熔点要比玻璃低，不能玻璃熔化了它还没化，同时还应该性能稳定，不和玻璃液粘连。最后在金银铅锡中选择了锡。熔炉中的玻璃液流出，在一个充满锡液的类似游泳池的槽子里，玻璃液在重力作用下平整地铺开，漂浮在锡液上。这像油层一样的玻璃液冷却后就是大块平整的平板玻璃。原理看似简单，探索过程却很漫长。如果说需要是发明之母，辛勤是发明之父，在浮法玻璃的发明上也得到了充分证明。据记载，皮尔金顿公司集中了大批科研人员，经过7年多的不断努力，花了400万英镑的巨额费用，才发明出这种生产平板玻璃的革命性的方法——浮法工艺，用这种方法生产的玻璃叫浮法玻璃。

张开逊（北京机械工业自动化研究所研究员、发明家）说：“浮法玻璃生产技术是一个非常重要的发明，它解决了困扰人们一千多年的老问题。人们一直希望能够做出又平整又光滑的大块平板玻璃，但是非常困难。在颐和园或故宫参观一些古代皇宫房间，有时候会发现外国人送的礼品里面就包括大的镜子。镜子在今天不是很值钱的东西了，在那个时候为什么会作为国家之间的礼品？就是因为做出大的平整玻璃是相当麻烦的事情，也就显得非常贵重。浮法玻璃这个技术能够给人们很多启迪，启示我们在解决一个困难问题的时候，往往需要用新的思路。”

过去人们想做出好的平板玻璃，不外乎在原有的专业流程上，把玻璃压得更平，或打磨得更好。皮尔金顿却利用了生活中常见的简单的自然规律，解决了困扰人们上千年的问题。浮法玻璃的优点太明显了，它不但质量高，而且价格便宜，也大大提高了劳动生产率。

我们今天用的各种平板玻璃大

夜景

在电炉上承受高温的玻璃

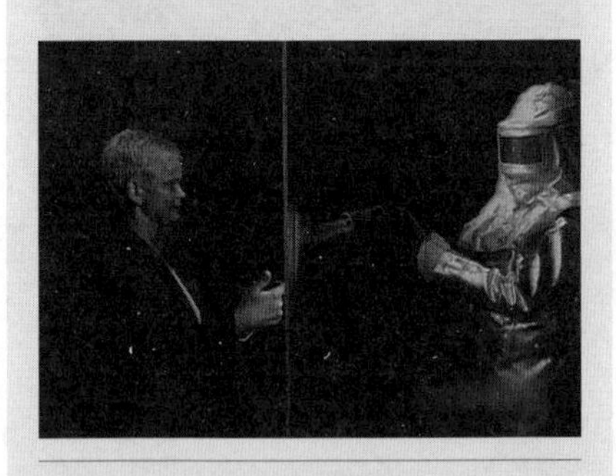

耐高温玻璃

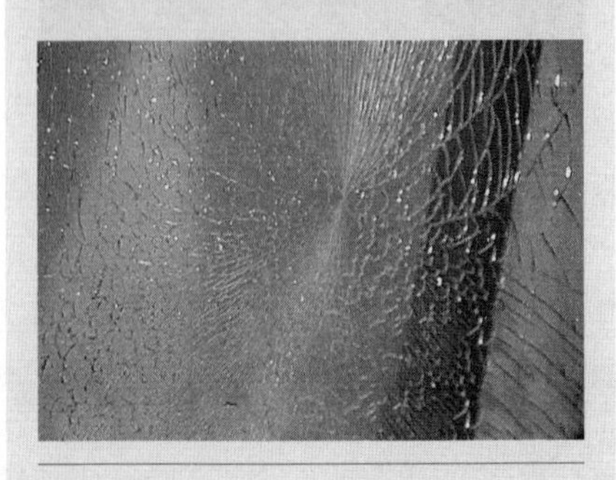

碎而不落的玻璃

多是用这种办法制作的。我们的窗户玻璃、大楼的玻璃幕墙等，已经很少再看见畸变的物像了，如果没有这些技术的发明，很难想象会有今天建筑、交通等领域的辉煌。

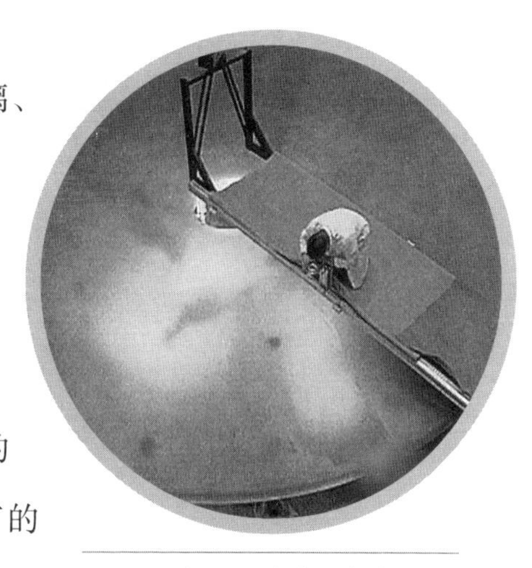
天文望远镜镜头玻璃

人们总是根据自己的需要，发明新的玻璃品种，以及用于新的用途。比如有的玻璃就用于防火，虽然火舌舔到了只有6毫米厚的玻璃的一面，但在玻璃的另一面，却感觉不到任何热量。玻璃是脆弱的，但人们希望它能坚韧、安全，特别是在高速运动的交通工具上，于是人们又发明了破碎后没有尖利碎屑的钢化玻璃，在平板玻璃中间贴膜的夹层玻璃。

人们想把遥远的天体看得更清楚一点，就不断努力制造出尺寸更大的超大望远镜。曾有一架望远镜的一个镜头直径就达8米以上，由45吨的玻璃制成，它的光学要求1毫米以下的误差都不允许存在，而且外界冷热变化对它不能有丝毫变形影响。这对玻璃制造业提出了巨大的挑战。

如果说窗户对玻璃的需要，催生了平板玻璃技术的发明和工业化生产，那么现代社会对玻璃的各种特殊需求，就催生出无数的高新技术的发明。揭开微电子时代的重大发明——集成电路，就需要用玻璃来制作，否则我们的一块电子手表会比一台电视机还笨重，而且价格还会极端高昂。我们说现在已经进入

玻璃丝光纤

信息时代，那么承载信息的高速公路是什么？就是玻璃制成的光纤，信息以光速在这个通道内传递，这是人类通信史上一次革命性的变革，被称为“梦想的通信”。这就是古老的玻璃的迷人之处，而且直到现在人们还难以想象，将来还会有怎样神奇的玻璃新材料在人们的需要中被催生。

（闫珊）

NO.10 肥皂的故事

没有肥皂时人们在青石板上洗衣服，用木棒敲打

中国古代的《离骚》一书中说到“沧浪之水清兮，可以濯吾缨”。可见那时的人们对清洁已经开始有了体察，而水则是完成这一使命的最佳载体。对女性而言，用水清洁过的面容更加姣好。水满足了人们展露美的朦胧心态。那时的人们还常在河边的青石板上，将衣服折叠好，用木棒反复捶打，想靠清水的力量洗去衣服上的污垢。其实这样洗衣服，既费力，又容易损坏衣物，效果也不好。后来有人发现了一种天然矿石，溶化在水里滑腻腻的，对去除油污比较有效。还有人烧一把稻草、麦秆

或柴禾，把烧剩的草木灰浸在水里，用布过滤出溶液来进行清洁，也能洗掉污渍。另外，人们还用皂角洗衣服，就是把皂荚树结的果实，泡在水里，同样能洗掉油污。在南北朝时期，社会上就已经出现了专门买卖皂角的店铺。人们在踏青郊游时还不忘采摘皂角用于日后的洗涤。清朝的慈禧太后则使用一种掺加丁香、藿香等芳香品的洁面用品，利用其中的挥发油对肌肤产生温和的刺激而改善血液循环，起到滋养皮肤和促进色素吸收的作用。

皂荚树

皂角

这些以天然形式出现的物质，既不便携带和保存，使用起来也不方便。或许是一个偶然的机会，人们将猪油拌和天然碱，反复揉搓挤压，得到了跟今天的肥皂差不多的“猪胰子皂”，用它来洗涤，既方便又干净。

有一个故事说，埃及的胡夫法老，有一天举行了一个盛大的宴会。当他的仆人们在厨房忙碌时，其中一位伙计不小心，将刚刚炼好的羊

用于制作早期肥皂的羊脂

油打翻在灶坑旁的炭灰里。他怕被人发现，急忙用手将混有羊油的炭灰捧了出去。当他捧完炭灰洗手时，却惊奇地发现，手洗得非常干净，甚至连以前很难洗掉的污垢都不见了。他想，会不会是混着羊油的炭灰起了作用呢？经过几番试验之后，他确信无疑。从此，这种羊油和炭灰的混合物，便成了人们洗脸、洗手的日常用品。后来，人们又将羊油和炭灰混合，搓成小圆球之后晾干，这样在使用时就更加方便，只要蘸点水就可以了。后来，“羊脂炭球”有了一个富于现代气息的名字，叫“肥皂”。

讲解肥皂能去污的原因

在罗马有一个传说，据说“肥皂”一词得名于“沙婆山”。沙婆山是古罗马人祭祀的灵地。由于长年累月的祭祀，这里留下了大量的动物脂肪和草木灰。在雨季来临之际，这些混合物被泥沙吸收。或许是出于一次偶然的尝试，当地的妇女发现这种砂土有着很好的洗涤效果，于是就用它来洗涤衣物。此后，英国的凯尔特人也开始用动物脂肪和草木灰制成同类产品，并取名叫“沙婆”（saipo），发音和今天肥皂的英文名称（soap）非常接近。

肥皂去污原理示意图

在意大利的庞贝古城遗址中，考古学家惊奇地发现了制造肥皂的作坊。这些都说明了人们用动物脂肪等制造肥皂已有上千年历史了。

那时的人们虽然经常使用肥皂，但其中去污除垢的奥秘，却无人知晓。直到近代，科学家们才在实验室里探明了这种“羊脂炭球”神奇去污能力的奥妙所在。肥皂之所以能去污，是因为它有特殊的分子结构，分子的一端有亲水性，另一端则有亲油脂性，在水与油污的界面上，肥皂使油脂乳化，让油脂溶于肥皂水中；在水与空气的界面上，肥皂围住空气的分子形成肥皂泡沫。原先不溶于水的污垢，因肥皂的作用，无法再依附在衣物表面，而溶于肥皂泡沫中，最后被整个清洗掉。

肥皂

制作肥皂（氢氧化钠和植物油混合）

混合物加热煮沸

据说，在我们日常生活中极其廉价的肥皂，在早期却是种奢侈品。直到1791年，法国化学家卢布兰用电解食盐的方法廉价制取火碱成功，才结束了从草木灰中制取碱的古老方法。19世纪初，人们发明了以食盐、石灰和氨为原料制造纯碱的方法后，又使用碳酸钠和油脂来生产肥皂，降低了生产成本，肥皂制造工业也因此得到了迅速的发展和普及。19世纪末，肥皂工业由手工作坊最终转化为了工业化生产。现在让我们来看看肥皂是如何制作出来的吧。

在制造肥皂的工厂里，我们可以看到肥皂是从工厂的大锅里熬出来的。大锅里盛着牛油、猪油或者椰子油，然后加进烧碱，就是氢氧化钠或碳酸钠，然后用火熬煮。油脂和氢氧化钠发生化学变化，生成肥皂和甘油。因为肥皂在浓的盐水中不溶解，而甘油在盐水中的溶解度很大，所以可以用加入盐的办法把肥皂和甘油分开。因此，当熬煮一段时间后，倒进去一些盐，大锅里便浮出厚厚一层黏稠的膏状物。用刮板把它刮到肥皂模型盒里，冷却以后就结成一块块的肥皂了。很长一段时间里，人们都用这种比较古老的生产方式来满足人们的生活需要。

19世纪初，随着中西方文化的交流，肥皂传入中国。洋皂开始代替了中国的皂荚、胰子等成为主要的洗涤用品。从此，真正意义上的肥皂便在世界各地传播开来。

我们现在的肥皂通常是半透明或不透明的凝脂块状物，被加入各种化学成分，散发出好闻的香味，拥有着更加显著的去污能力。肥皂的种类不断细分，随着各种添加物的不同，还可以变成美容香皂、药物香皂、卸妆香皂乃至儿童香皂等。比如药皂，就是在肥皂中加进了一些消毒剂，起到了清洁和杀菌的作用。现在我们日常生活中用的香皂，一般是用椰子油和橄榄油制造的，并且加进了香料和着色剂，能散发出各种香味并具有五颜六色的外观。

冷却

说起香皂的外观，有些品牌的香皂通过专项市场研究，提供了一项中间凹形的新的工业造型设计，这样可以避免人们洗澡时手握中间凸起香皂常有的滑落情况出现，这种人性化的设计无疑又是香皂工业上的另一种进步，也获得了更大的市场。

凝固

生产商想让顾客购买自己的产品，就必须精心打造。好闻的气味也是一件商品能讨人喜欢的关键，能激发顾客的购买欲。尽管嗅觉在各种感觉里最常被我们忽视，它却最容易让我们浮想联翩。也许，肥皂由于具有多重效果作用于人体，因而是让我们的感官活跃起来的最有力的工具。肥皂本身像奶油一样润滑，我们不但可以闻到它的气味，更可以触摸到它的泡沫。没有什么东西可以像肥皂一样与我们的身体如此亲密地接触，就连它散发出的沁人心脾的香味也只被沐浴的人独享。

切割

此外，肥皂还是产品包装业的鼻祖。当年肥皂生产商第一个把自己的产品切成大小均一的长条形状，然后统一包装出售。这是一次不折不扣的销售革命。杂货商再也不必为卖肥皂而准备一根细线，像切黄

打商标

油那样从一整条肥皂上为顾客一块一块地切着零售。当然更大的受益者还是消费者，从此顾客既不用担心自己买到的商品短斤少两，更无须为产品质量会不会打折扣而提心吊胆。至于商标、包装的作用在于绕过杂货商而在生产者和顾客之间直接建立起联系，进而为销售业的又一次革命打下基础。商标使自选市场成为可能，顾客无须别人帮助，就可以从一大堆同类产品里动手挑选自己中意的那个品牌。

制作肥皂的原料（油脂）

究竟是肥皂悄无声息地改变了世界，还是我们的观念改变了肥皂在社会上的地位？20世纪60年代，肥皂作为一种有效消除身体异味的产品，在人们心里奠定了牢固的地位。10年之后，肥皂更多地服务于生活，使用者期待着肥皂可以给自己带来更温馨的生活感受。

然而，随着近20年来的清洁用品的发展，当初小小的固体肥皂已经被洗面奶、沐浴液所取代。各种针对性的清洁用品，如洗发液、洗手液、洗洁精等液态洗涤产品的出现，使肥皂正在经历着一场生存危机。这种曾经在人们生活中必不可少的日用品，是否真的会淡出历史舞台？

现代肥皂

其实，在生活中，肥皂不仅可以用于清洁，它还有许多其他的妙用。比如，误吃有毒食物、药物中毒或小孩误吞小的金属物品等，在就医之前，可以先喝一些肥皂水，进行急救。方法是把纯净的肥皂切成细片，用温开水融成肥皂水。成人喝300～500毫升，小孩喝100～200毫升，便可把毒物呕吐出来，以减轻中毒程度。另外，当拉链不好拉开的时候，肥皂是最好的润滑剂；肥皂可以用于汽车油箱的应急堵漏等。

（崔黎黎）

NO.11 香甜记忆的冰激凌

冰激凌的故乡意大利

有一些话题在生活当中，好像约定俗成的就是属于女性的范围，比如说甜食，特别是冰激凌。冰激凌是怎么发明出来的呢?

意大利无疑是世界上最具风情的国家之一，那里不仅有醉人的海水、辉煌的历史、迷人的建筑、奔放的足球，更有着举世无双的美食文化。意大利的匹萨、面食和咖啡早已被国人接受，而真正的意大利冰激凌实为意大利美食中的经典之经典。

16世纪，西西里岛的一位教士改良了冰激凌的制作方法，完善了它的制作技术，意大利冰激凌的制作传统也一代一代地传下来。直到今天，西西里岛的冰激凌仍被认为是意大利最好的冰激凌。到过意大利的人们，品尝到意大利冰激凌，无不为其可口的味道，精致的外形所惊叹。

说了半天外国的冰激凌，现在来看看我们自己的冰激凌是怎么制作出来的呢？在创始于1950年的北冰洋冷食厂的现代化冷食生产线上，可以领略冰激凌诞生的全过程。从制作工艺上讲，装在那些大罐子里的原料，具有单纯的配方，但它又是制造纯粹口感的秘密武器。不论哪一款冰激凌，它的配方中永远没有任何添加剂。通过流水线的原料被注入模具，经过这短短几米的路途，在−30℃的冷冻下，新一代的冷食被一个个塑造出来。这一件件宛如精美艺术品的冷食，在通过不同的检验后才能和广大的消费者见面。冰激凌不会冻得很硬，它口感细腻，轻盈如丝，美好的感受不绝于口。

冰激凌

北冰洋生产线一

北冰洋生产线二

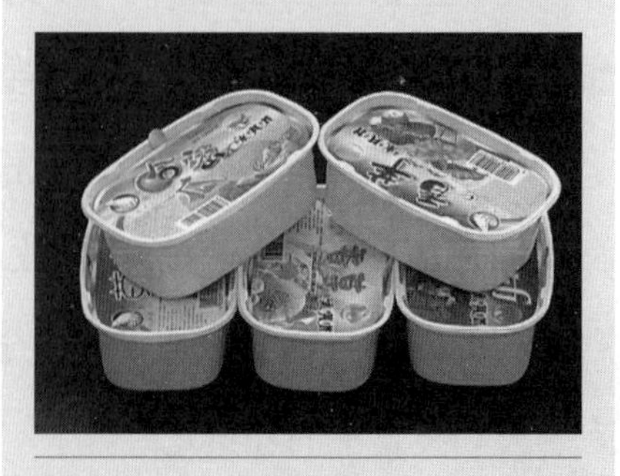
冰激凌

各式冰激凌一

各式冰激凌二

现代冰激凌一

现代冰激凌二

现在所有的冰激凌厂商都在开发新的产品。如何让冰激凌不那么快地解冻，是大家遇到的普通难题。最近有几个德国科学家发明了一种不那么快解冻的冰激凌。

其实就是一种凝固剂。这个凝固剂的发明人听起来好像很离谱，是由德国的钢铁制造商发明的。

冰激凌吃多了，很多人都会引起肠胃不适，会闹肚子，但是现在据说俄罗斯西伯利亚地区有一些科学家发明了一种新的冰激凌产品，吃了不但不会拉肚子，还会加强肠胃的功能。

新西伯利亚有一个细菌和病毒研究中心，这里的研究人员在冰激凌里加入一些能够杀死在肠胃里头寄生的、引起肠胃疾病的细菌和病毒的成分。

都说冰激凌是个外来品，或者叫舶来品，然而，最早有吃冷饮的习惯的是中国人，关于这一点在古书上可以找到。很早以前，我们的祖先把冬天开采出的大冰块，储在地窖里，到夏天的时候拿出来享用。后来在制造火药的时候，工匠们又发现了一个现象，就是硝石溶解在水里头的时候，要吸收大量的热量，周围的水可以结冰，这就是制冰的一个办法了，那时候街头已经出现冰镇的莲子绿豆汤，或者是薄荷百合汤，非常好喝。

现代冰激凌三

根据有关文献，冰激凌最早食用的记录是在公元前2000年的中国。在那个时候，中国人及阿拉伯人，已经享受了冰激凌这种美味的甜点。13世纪时，由马可·波罗口述的东方见闻，将冰激凌传入欧洲的意大利。后来一位意大利人——夏尔信，在马可·波罗的配方中加入了橘子汁和柠檬汁等，发明了一种被称为“夏尔信”的饮料，类似如今的意大利式冰激凌。

现代冰激凌四

冰激凌店

18世纪，冰激凌随欧洲人大举移民新大陆进入了美洲。1813年詹姆士总统在白宫举行国宴时把冰激凌当作宴客餐点，大受好评。直到1904年，圣路易博览会上，脆皮甜

吃冰激凌的人们

筒首次展现在世人面前，当时蛋糕制作商的展出座位正好在冰激凌小贩旁边，于是蛋糕商利用制作蛋糕的技术，将脆皮卷成甜筒外形，成为广受人们喜爱的脆皮甜筒。

（崔黎黎）

演播室

NO.12 吉尼斯原来是啤酒

啤酒厂外景（德国）

在《吉尼斯世界纪录大全》上，关于喝啤酒的有以下记载：1977年美国卡莱尔市有一个人，用了1.3秒的时间喝完了1升啤酒。此后，还有一个喝啤酒最快的女子纪录，这个人是英国的康妮，她在12秒内喝完了1.9升啤酒。喝啤酒最多的世界纪录，据说是加拿大的一个摔跤手，他和人比赛喝啤酒，一口气就喝了147瓶，但是这个人不在《吉尼斯世界纪录大全》上。

吉尼斯和啤酒之间，还有更深一层的联系，其实吉尼斯就是一种黑

啤酒花

酿酒罐

煮沸锅

啤酒的名字。

1759年，爱尔兰的都柏林有一个家族专门生产一种黑啤酒，味道非常好，酒精度数适中，颜色也非常深，这种酒就叫作吉尼斯。在当时有很多叫POP的小酒馆，很多人下班以后，都非常愿意到酒馆去，坐在那儿海阔天空地神聊。这个啤酒商非常聪明，他把这些人在平时瞎侃的过程中，吹嘘的什么最大，什么最快，什么最好，汇集成一本书，这就是《吉尼斯世界纪录大全》的雏形。他把这本书提供给喝酒的人，使他们吹牛皮的时候，多了一个依据，同时还助了酒性。结果没想到《吉尼斯世界纪录大全》不胫而走，在全世界都流行起来了，相反的吉尼斯啤酒却没有《吉尼斯世界纪录大全》那么流行。

德国的慕尼黑有个一年一度的啤酒狂欢节，啤酒节十分隆重。节日第一天，来自巴伐利亚各地和德国各州及邻国奥地利、瑞士、法国的人们组成蜿蜒数千米的游行队伍，浩浩荡荡，甚为壮观。

时逢周日，慕尼黑全城被卷进欢乐的漩涡。特蕾莎广场已被无数气球、彩旗装点得五彩缤纷。广场临时搭起10余座可容千人的大型啤酒棚和数百个游艺及小吃摊，加上各类惹人注目的广告，简直就是一座繁华的集市。正午12时，礼炮鸣12响，顿时鼓乐齐鸣，歌声四起，人声鼎沸。人们纷纷举起大杯，将咕咕冒泡的啤酒一饮而尽。

节日期间还要举行赛马、射击、美术展览等文化活动。晚上，不少人到此参加游艺、观看杂耍、品尝小吃，亲朋好友聚在一起，聊天喝酒。不少人每晚必到，一醉方休。

除了黑啤酒以外，啤酒还有很多不同的种类，从颜色分有淡色啤酒、深色啤酒、黄啤酒。此外，还有纯生啤酒、全麦芽啤酒，从生产方式上也可以分成鲜啤酒和熟啤酒；从包装上分有瓶装啤酒、罐装啤酒、桶装啤酒。因此，按照生产方式、包装形式、口味，以及不同原料，

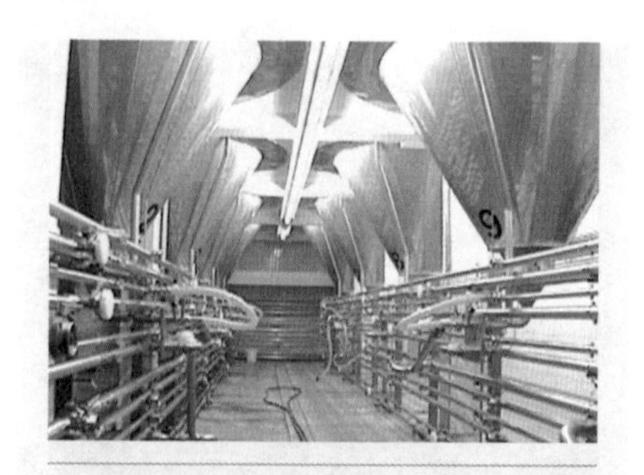

发酵罐

生产线一

生产线二

装箱

啤酒

慕尼黑啤酒节

啤酒节上警察饮用无酒精的啤酒

打扎啤

都可以作为啤酒种类的划分标准。

以前，大量的啤酒都是作坊里生产出来的，各有各的口味。一直到了1837年，在丹麦的哥本哈根，建立了第一条完全工业化的啤酒生产线，一直到现在，它生产出来的啤酒依然闻名全世界。

中国啤酒工业的开始，应该是在1900年，那时候俄国人在中国境内建起了第一个啤酒酿造厂。

啤酒生产过程分为麦芽制造、麦芽汁制造、前发酵、后发酵、过滤灭菌、包装等几道工序。

麦芽制造是用大麦浸渍吸水后，在适宜的温度和湿度下发芽，发芽时产生各种水解酶。这些酶可将麦芽本身的蛋白质分解成肽和氨基酸，将淀粉分解成糊精和麦芽糖等低分子物质。发芽到一定程度，就要中止发芽，经过干燥，制成水分含量较低的麦芽。

麦芽经过适当的粉碎，加入温水，在一定的温度下，利用麦芽本身的酶制剂，进行糖化。制成的麦

端啤酒的服务员

芽醪，用过滤槽进行过滤，得到麦芽汁，将麦芽汁输送到麦汁煮沸锅中，将多余的水分蒸发掉，并加入酒花。

酒花是一种植物的花，加入到啤酒中，可使啤酒带有特殊的酒花香味和苦味，同时，酒花中的一些成分还具有防腐作用，可延长啤酒的保藏期。

麦芽汁经过冷却后，加入酵母菌，输送到发酵罐中，开始发酵。传统工艺分为前发酵和后发酵，分别在不同的发酵罐中进行，现在流行的做法是在一个罐内进行前发酵和后发酵。

啤酒酿造还有最后一个工序是过滤灭菌——经过2个星期左右的发酵，将啤酒过滤，除去啤酒中的酵母菌和微小的颗粒，再经过低温灭菌、冷却，啤酒就可以包装、上市销售了。

啤酒对人有什么好处呢？

啤酒的营养很丰富，另外，它含的水分特别多，既解渴也提神，同时又是用纯天然的大麦制造的，是一种纯天然饮品。

啤酒里边有很多泡沫，实际上是二氧化碳，这些二氧化碳在人的身体里可以发挥两种特殊的作用：第一，是使紧张的神经能够放松下来，在劳累的时候喝一点啤酒，可以解乏；第二，它刺激胃的神经，帮助消化。

青岛啤酒节和啤酒有关的游戏

适量地喝啤酒可以减肥，调整人的体型，因为啤酒里头含有大量的维生素，特别是维生素V6，它有助消化、瘦身的作用。再有啤酒里头有很多的矿物质，但没有胆固醇也没有脂肪，应该说对身体有利。

喝酒的女士

有的人有“啤酒肚”，这常常是因为在喝酒的时候，同时进食了肉以及各种淀粉类食物，不停地吃，当然很容易形成大肚子，把“啤酒肚”的罪名推到啤酒的头上，实际上是冤枉了啤酒。

（崔黎黎）

NO.13 外科手术的福音
——麻醉剂

华佗刮骨疗毒

麻醉剂是外科手术的“好朋友”。在麻醉剂发明以前，许多外科手术是不能做的，因为外科手术会给病人带来无限的痛苦。

麻醉剂在外科手术中，确实起到了不可替代的作用。在中国古代，就有很多对于麻醉剂的记载。一个最有名的故事，也是应当予以澄清的一个故事，就是《三国志》里华佗为关公“刮骨疗毒”的故事。

关羽在镇守襄阳时右臂中了毒箭，青肿疼痛，手臂不能动，华佗给关羽“刮骨疗毒”，做外科手术。关羽一面下棋，一面让华佗切肉刮骨。

笑气的发明者约瑟夫·普理斯特利

笑气的使用

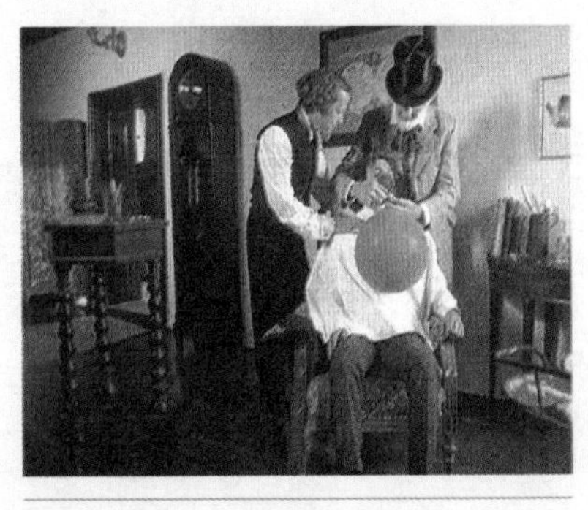

笑气第一次被用于牙医外科手术

表面上看关羽乃大将风度，堂堂的大将军，别说是刮骨，就是割头，眼睛都不会眨一下，实际上是华佗在手术前给关羽用了麻醉药。华佗是世界上第一个发明麻醉手术的人，被称为“神医”。1 700多年前，华佗就已经利用“麻沸散”来完成全身麻醉，从而进行腹腔手术。而欧美使用全身麻醉术，比我国迟了1 600多年。

其实不光有华佗的“麻沸散”，后来的孙思邈、李时珍也都提到过曼陀罗花可以做麻醉剂。

中国的麻醉药，都是从中草药中提炼出来的，西方的麻醉剂也有很多是从植物里提出来的。

至少在2 000年以前，可卡因和鸦片在有很多地区都是作为麻醉药剂使用的。

据说，古罗马的医生手里掌握着很多可以当作止痛药，或者可以当作安眠药的麻醉剂。公元1世纪，有一个医生叫作塞尔苏斯，他对人们说，你饮用野生的罂粟花汁可以止痛。

到了古罗马的普林尼时代，人们已经发现，虽然罂粟花能止痛，但是这种药不能够多用，用多了就会带来很大的危险。那个时候人们用这种药比较小心，一般情况下小手术都不会用，不到不得已，尽量不用它。

麻醉后拔牙

近代最早发明全身麻醉的人，是一个叫作戴维的化学家。有一天他牙疼得厉害，但是他还是坚持到他的实验室去了。他的实验室里充满着一氧化二氮气体，他工作了一段时间以后，忽然发现他的牙不疼了，而且他还有一种非常兴奋的感觉。然后他就开始进行多次试验，发现一氧化二氮确确实实有这个特殊作用，他给它起了一个名字叫“笑气”。这就是全身麻醉的开始。

乙醚的发现者麦克尔·法瑞德

20世纪中叶，“笑气聚会”非常盛行，颇为吸引人，当然条件是要有相当数量的人参与。笑气于1772年由约瑟夫·普理斯特利发现，但它的麻醉作用直到18世纪末才被发

使用乙醚麻醉病人

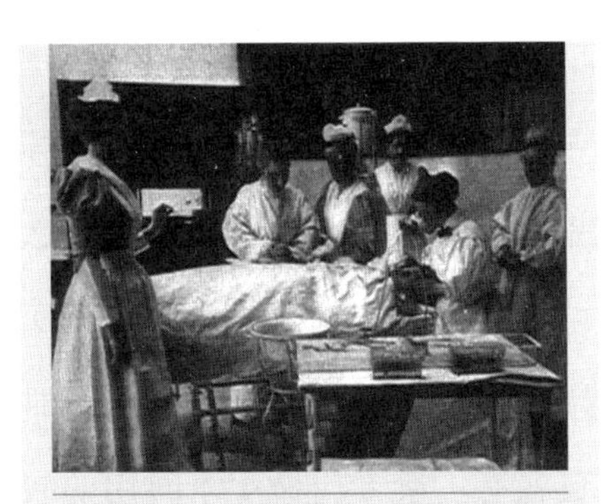

第一例乙醚麻醉下的手术

妇女分娩时也使用上了乙醚

维多利亚女王也开始使用麻醉剂来减轻分娩的痛苦

现。外科医生对笑气不感兴趣，它反而在上流社会的画室里流行起来。1842年12月11日，在其麻醉功能被发现半个世纪以后，笑气第一次被用于医学，地点在美国东海岸的一个小城镇帕特福德。同他的朋友和同事约翰·李格斯一起，29岁的牙医霍勒斯·威尔斯，请一位使用笑气周游全国进行表演，并自称为教授的马戏团老板克尔顿，演示笑气的麻醉效果。克尔顿利用气球将笑气引进了牙医外科手术。威尔斯几次吸入了有甜味的气体后，很快失去了知觉。威尔斯被笑气麻醉后，约翰·李格斯得以在他毫无痛感的状态下拔掉了他的智齿。霍勒斯·威尔斯因此被认为是麻醉法的先驱。但笑气有它的局限性，持续的时间不够，长时间手术要深度麻醉，需要更有效的麻醉剂。

早在1818年，英国科学家麦克尔·法瑞德就已著文介绍过乙醚可以产生跟笑气同样的麻醉效果。但乙醚与笑气的命运相同，几乎被医学

医生约翰·斯诺是世界上第一位麻醉师

界忽视，似乎只能作为娱乐用品。

有一个小故事，美国波士顿有个牙医叫威廉·莫顿，这个人的贡献是什么呢？他发现乙醚可以做麻醉剂，这确实是麻醉史上一个特别重要的突破。当时的威廉·莫顿有一套专门做手术时用的装置，可以帮助病人吸进乙醚气体，进而麻醉他们。他第一次做手术用这套装置就成功地帮助一个病人拔了一颗化脓的牙齿，病人在手术过程中没有什么痛感。两个星期之后，在波士顿进行了一次公开演示，来了好多专家、医师，在众目睽睽之下，有一位医生，用乙醚做麻醉剂，为一位病人切除了脖子上的肿瘤，一下子就轰动了。

麻醉使外科手术发生了重大革新，而且不仅仅局限于美国。有关乙醚麻醉的消息很快传到了伦敦。1846年12月21日，罗伯特·李斯顿在欧洲进行了第一例乙醚麻醉下的手术。当时观看的人当中有一位名叫詹姆斯·辛普森的苏格兰妇科医生，辛普森一直在寻找一种减轻产妇痛苦的药物。这一次他对乙醚的效果有了很深印象，在妇女分娩时也开始使用它。但是乙醚会导致肺部发炎，其副作用令人担忧。为了寻找新的并不太紧缺的止痛药，辛普森甚至拿自己做实验，试用一些剧毒药剂。最终辛普森注意到了氯仿，实验证明它比乙醚要好得多。但是不久辛普森便受到英格兰教会的严厉批评，他们认为分娩时

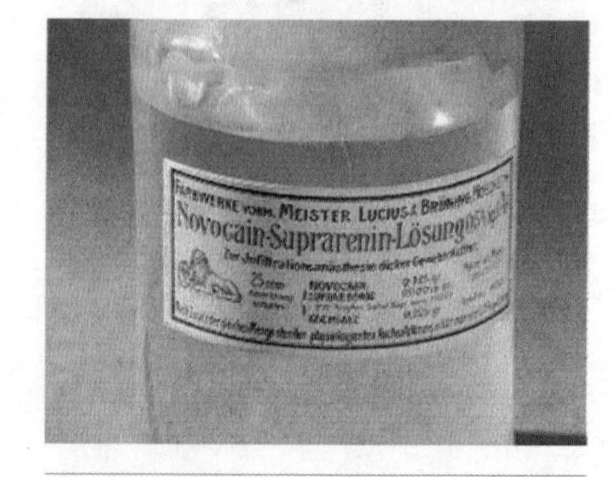

麻醉剂——普鲁卡因

的痛苦是女人为男人的堕落向上帝做的忏悔。在一份小册子上辛普森回答说，上帝自己将亚当置于沉睡状态，摘取他的肋骨创造了夏娃，由此可见麻醉剂是一种令上帝高兴的东西。许多医生也反对麻醉，但当他们得知维多利亚女王生利奥波德王子时也用氯仿麻醉时，置疑顷刻烟消云散。皇家产科医生约翰·斯诺被医学史记载为第一位麻醉师。斯诺研制出可控式氯仿喷雾器，取代了难以控制的水滴式麻醉。

普鲁卡因被用于医学上

在麻醉时，最大的或者说最关键的问题，就是麻醉药剂量的多少。对于全麻的测量实际上就是病人外表没有感觉，在整个手术的过程之中，病人始终要带着吸麻醉气的面罩，到手术完成后，才把它摘开。

实际上，有一些外科医生比较喜欢用乙醚，因为它比较安全。尽管病人用它不舒服，但是医生还是愿意用。当时还没有解决局部麻醉的问题。1860年，一个叫尼尔曼的人，在一次实验中，他用舌头舔了可卡因，后来感觉舌头是麻木的。这个实验引起了科勒尔的重视，他开始在动物身上做实验，后来在自己身上做实验，还请了一些志愿者做实验。经过多次实验，他于1884年发现可卡因有局部麻醉的作用。

科勒尔做了这么一个实验，在一个人的眼睛里面滴入含2%可卡因的滴眼液，这个人的眼睛对火炬一点都不敏感。后来科勒尔用局部麻醉第一次做手术，做的就是白内障摘除手术。这个手术在当时的难度还是挺高的，也可以说它标志着局部麻醉的诞生。

然而，可卡因有两个致命的弱点，或者说有两个副作用。第一，可

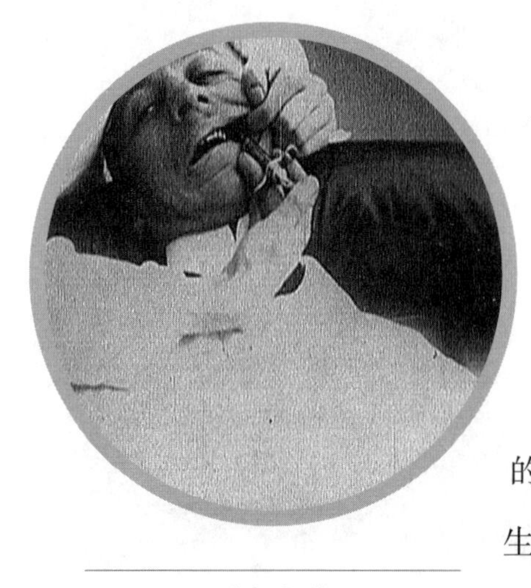
局部麻醉

卡因有毒性；第二，可卡因容易让患者上瘾。人们一直在探索能不能找到一种更安全的麻醉剂来代替可卡因。

后来的突破就是发现了普鲁卡因，它是德国的一位生物学家和化学家发现的，应该说从普鲁卡因出现以后，外科医生就有了一种相对无副作用的而且相当可靠的麻醉剂了。

一段摄于1914年的影片，显示德国牙科教授奎多·费斯切罗正在准备注射普鲁卡因。普鲁卡因药片先用蒸馏水溶解后，再煮沸。注射器在装药水之前先在明火上消毒。牙医们知道如果浓度适当的话，溶液会自动扩散到整个组织，所以不需要进行重复注射。

局部麻醉剂发展到现在，有1 000多种产品被研制出来，现代的麻醉技术已经可以做到相对的危险性小，副作用小，很安全、很可靠了。但是，麻醉剂到底是怎么对人体起作用的，始终还是个谜。

（崔黎黎）

NO.14 发明只为婴儿出恭

——纸尿裤

穿开裆裤的动画小孩

如果你的年龄在20岁以上，小时候你一定穿过开裆裤，夹过尿片儿。最多在冬天的时候，你的父母或祖父母怕冻着你的小屁股，再给你外加一个屁帘儿，这就算高级待遇了。现在的孩子可比那时候幸福多了，因为他们可以享受到新发明的纸尿裤！别小看这个小婴儿的“随身马桶”，它的发明和原子弹、火箭一样，都诞生在硝烟弥漫的二战期间。

发明纸尿裤真是一个好主意，那么最早是在哪想出来的？是在1942年的瑞典。

1939年发生的最大的事是什么？——第二次世界大战。第二次世界大战的爆发，促使很多行业也有了发展，比如脱脂棉、绷带、纱布，当时作为军需用品，需求量巨大。

带屁帘

这些军需用品都因为战争的背景而发展起来了。当时德国对瑞典实行经济封锁，瑞典所有物资的供应都非常紧张。棉花停止进口了，棉布也很缺乏，以至于给孩子们做尿布的棉布都不够用了。于是，瑞典政府就建议用纸代替布，做纸尿裤。

穿纸尿裤

其实当时的纸尿裤还不是现在意义上的纸尿裤，它更像是今天的尿不湿，就是把一些吸水纸叠在一起，然后放在一个尿布套里，纸用完了就扔了。

一说起尿不湿，让人想起一件现代的事。“神舟”飞船系列的总设计师叫戚发轫，他开玩笑地说过一句话，说尿不湿在某种意义上也不一定就是为婴儿发明的，也许是为我们航天员在太空做短期逗留的时

两位主持人

候方便使用的一种用品。

所谓短期逗留，就是在太空一天到两天，就像杨利伟那样的。这就要求一切从简，总不能专门在太空给他做个厕所。这样一来，首先就得在宇航员上天前的3天开始给他吃低残渣的食物，临上天前还要给他洗一次肠，这样就保证在两天之内不会产生大便。为解决小便问题，我们有两种办法：一个是给他装个尿液收集袋，另一个就是给他穿上纸尿裤。

发明纸尿裤的美国妇女

纸尿裤问世后，谁先用是不重要的。在基础科学领域，每天都有新的发明出现，而生活中的发明和应用大多依赖着基础科学的发展。大量运用于生活中的纸尿裤，虽然最早出现在瑞典，但第一个纸尿裤专利却是由一位美国妇女获得的。

最早的纸尿裤样子

战争时期的美国也在忙着制造各种军备用品。当时的美国妇女都在忙着工作，可是孩子又小，放在家里没人照顾，怎么办呢？情急之下一位聪明的母亲发明出了纸尿裤，

表现吸水材料的漫画

穿纸尿裤的小孩

后来还申请了专利。

但是从市场的角度来讲，真正在市场上把纸尿裤变成一种商品的应该是美国宝洁公司开发部经理，一个名叫米勒的人。米勒年迈时得了个小外孙女，他特别喜欢这个小外孙女。

米勒常常给小外孙女换尿布，每一次都累得满头大汗。他就想，能不能发明一种东西，彻底地解决换尿布之苦？米勒带领开发部的人成立了一个开发小组，经过他们的努力，终于研制出了今天我们在市场上看到的这种纸尿裤。

这时候的纸尿裤已经不只是服务于一个家庭、一个人，而是面向市场，面向更多的人了，它已经是作为一种商品存在了。

纸尿裤从刚发明时像尿片一样的方形，进化成裤子的形状，经历了40年之久。

后来的创新更是层出不穷：最早是设计不同年龄段的尺码，后来使用了胶带、松紧带，最后就要求吸水性更强，要柔软、透气，于是就有人仿造比基尼设计了一款纸尿裤，让宝宝能露着的地方尽量多露点。这一点小小的改进，也是有专利的。

用纸尿裤芯做插花材料

纸尿裤里还藏着很多的秘密，比如纸尿裤为什么这么能吸水，这在纸尿裤发展史上便是可圈可点的、最具革命性的高科技应用。

关键是纸尿裤的吸水材料，1克这样的物质，可以吸收400至500毫升的水，或50至60毫升的尿液，并且吸收速度很快。

给孩子穿纸尿裤

原来，纸尿裤上分布的那些小珠子就是吸饱了水的高分子吸水材料，水见到它就像受磁铁吸引的铁屑一般，而且无论孩子怎么活动，那些吸饱水的小珠子里也挤不出水来。如果节俭的妈妈奶奶们想再次利用纸尿裤，可以把纸尿裤里没有浸过尿液的棉絮状内芯，放在花瓶里，再浇上水，就成了理想的插花材料，不但能固定花枝，还能长时间保湿，效果不比花泥差，这也算是家庭小发明吧。

小小纸尿裤的发展就像滚雪球，发明带出新的发明，创新了还要再创新，结果就是纸尿裤越做越好，婴儿倍感舒适，父母更好操作，就连爸爸们都不把换尿布当成负担了。

纸尿裤采用的这种吸水材料是高尖端材料，最初是为农业部门研制的，是为在生长和运输过程中，根部需要保湿的那些特殊植物而研制的。1961年美国首先研制出来这种高吸水能力的材料，1978年日本人发现了它在生活用品市场中的广大商机。日本、德国和美国几乎控制了这一领域的市场，70%到80%的产品都被用于制作纸尿裤这样的卫生生活用品。

用纸尿裤养蘑菇

纸尿裤用着方便，扔掉也方便，可是扔多了也是个大问题。

给孩子穿纸尿裤

对于纸尿裤的处理问题，各个国家都在研究。

墨西哥有3个妇女，她们专门致力于回收处理用过的纸尿裤。她们想出一个奇怪的办法，把用过的纸尿裤稍微清洁一下，然后在上面种蘑菇。不仅蘑菇长得不错，一季蘑菇长成以后，还可以把纸尿裤里80%的物质降解掉。如果不种蘑菇，靠大自然来降解这些物质，大概需要300年。

以前听一个住在森林里的人说，森林里有小动物尿过尿的地方就会长出蘑菇，而且那蘑菇长得特别大、特别好，都是可食用菌。

日本现在也在研制这种新材料。日本的开发有两个目的，第一是焚烧时不会产生有毒气体；第二是可以自然降解。这种新材料成本比较高，大概是现在成本的5倍。

一些学校或幼儿园的老师，还有一些家长，说纸尿裤不能用，用过以后孩子的依赖性特别大，都上学了还不知道夜里自己去上厕所，还老尿床，这也是一个问题。

这其实是观念的不同。中国人喜欢给孩子把屎把尿，有人开玩笑说这是中国专利。在国外家长们就不会这么想，他们认为孩子小时候就可以自然地排泄，想拉就拉，想尿就尿，两三岁到上小学的孩子偶尔尿一次床，他们也不认为这是个大事。当然也有人有不同意见，说想拉就拉、想尿就尿，到一定年龄如果还这样，孩子就会产生习惯性尿床，或者叫作懒惰性尿床。对于人的智力培养和正常的条件反射，往往会有不同的看法。

让孩子使用纸尿裤可能会延长他最终自如地上厕所的时间，但实际上在国外对孩子还是有定向如厕等训练。澳大利亚的超市里面卖一种东西，是一个小的马桶，里面漂着一些彩色的球。这是专门用来教小男孩上厕所用的，因为小孩子可能不会对着马桶里去尿尿，不懂得定向和定位，没有这个概念。于是，当他要上厕所时就往马桶里放一个彩球，然后告诉他说，你就冲着这个彩球尿吧。

尽管使用纸尿裤还存在一定的争议，但纸尿裤还是要穿的，而且不仅仅是婴儿穿，成人也穿，在有些时候，作为成年人，我们也应该为自己准备一些纸尿裤，说不定在什么时候你就能用得上它。

（闫珊）

NO.15 冷暖魔棒
——温度计

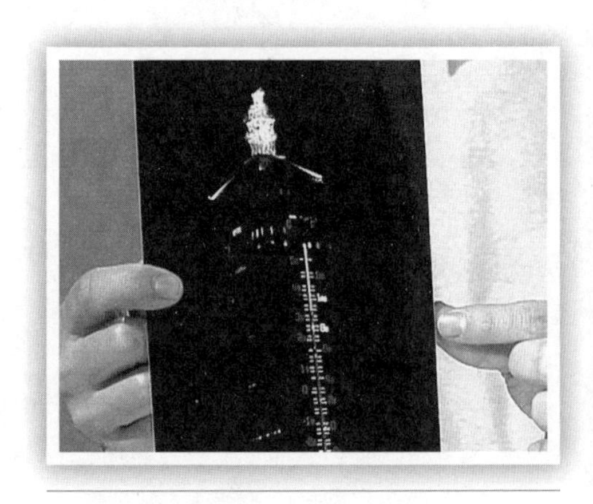
大楼夜景温度计

温度是一种奇妙的东西，它无所不在又捉摸不定。从伽利略设计的那支玻璃管开始，人们一步步制造出神奇的魔棒——温度计。它替人类体味世间冷暖，帮助我们保持身体健康。

南昌市有一幢大楼，上面标新立异地做了一个大温度计，有139米高，已经进了《吉尼斯世界纪录》。

而且，这支温度计还挺准的。温度对于人们来讲是很敏感的一件事。人们在生活中，尤其关心天气的温度变化，根据它来增减衣服，在农业

伽利略

模拟过去发明温度计的研究现场

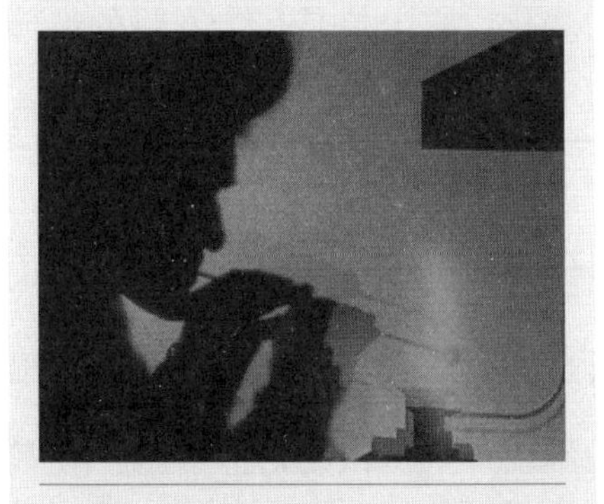

华伦海特试验模拟

上我们根据它来采取一些科学种田的方法。对于中老年又多了一项，看温度来决定是否能进行晨练。

有人说温度计是一根魔棒，这个魔棒是怎么发明的呢？

最早的温度计问世于1592年，算起来已经有400多岁了。它的发明者是意大利的物理学家和天文学家，大名鼎鼎的伽利略。他是个天才，几乎学什么都精通。年轻时的伽利略在意大利比萨大学学习医学，萌生了发明温度计的想法，一头钻到热胀冷缩的世界中去了。他差不多花了十年的时间，经过反复的实验和不懈的努力，终于发明了第一支空气温度计。

这种仪器结构非常简单：它是一根玻璃管，一端开口，另一端有小泡，玻璃管里所装的物质是水。他将玻璃管开口的一端立在水盆里面，这样，小泡内出现了一个含有空气的空间。如果用手给小泡加温，就会使管内空气受热膨胀，小泡内的空间变大；如果给小泡降温，小

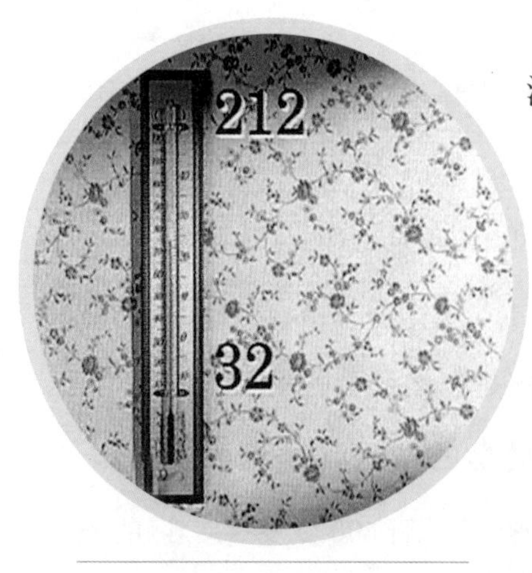

华氏温度计标识

泡内的空气就会变冷收缩。这样管内的水位就会产生变化，由此来推测温度的变化。

当时伽利略用的是水，水是有冰点的，要是天气特别冷，水结冰了怎么办呢?

伽利略的这支温度计不是太准的，他用水做这个温度计有几个问题，一个是冷了会凝结，热了会沸腾，而且还会受到大气压强的影响。

这是一个很重要的因素，伽利略制作的温度计上面有开口，如果气压变了，就算温度没变，水面高低还是会有变化，测量出的温度就不准。

伽利略发明的温度计还不是一根魔棒。直到100多年以后，人们找到了另外一个替代物，就是酒精。酒精的凝结点比较低，但它的沸点也比较低，78℃它就汽化了。

这一点，酒精还是不理想，还得再找一种能够测高温的物质来代替它。1714年，荷兰有一个叫华伦海特的人，他用水银来当测温物质，这就是我们现在温度计的雏形。

水银用到温度计上是一个革命性的变化。它上头是一个密封的玻璃管，下面是一个小球，里头放的是水银。在有温度变化的时候，它就自己向上或向下浮动。水银的凝结点是-39℃，沸点是357℃。可适应度很大了。在这个管子旁边，我们划上刻度就可以读出它的温度来。

华伦海特是荷兰阿姆斯特丹一个有名的科学仪器制造商。他制造出的水银温度计准确度大大超过了以前的温度计。水银是自然界唯一在常温下呈液态的一种金属，性质稳定。水银的一大特点是，在温度变化时，它的膨胀非常有规律。但由于它的变化不大，不容易被察觉，温度计的玻璃管就需要做得很细。华伦海特对于温度计做出的另一大贡献，是发明了一种量度温度数值的标准，也就是温标。在他的温度计上，华伦海特选择了几个固定的点。他将加了盐分的水结冰时的温度定为零度，冰水混合物的温度就是32度，而标准大气压下沸水温度即为212度。他将冰水和沸水之间的温度平均分成180份，这就是以华伦海特命名的“华氏温标”。

摄尔修斯

1742年，瑞典天文学家安德斯·摄尔修斯发明了一种新的“百分温标”，又称“摄氏温标”。他重新选择了两个固定的点，将冰水混合物的温度定为100度，将沸水的温度定为0度，中间分成一百个分度。“摄氏温标”发明不久，人们对它的方向不太满意。于是，便把它给倒了过来。将冰水混合物的温度记作0度，而沸水的温度记作100度。这样，摄氏温标就被广泛地接受和使用了。

华氏温度一度是统一的标准，它持续使用了200多年。但在记录气温时显得不是那么方便，所以在气象学和人们的生活中，摄氏温标更为普及。现在，一些说英语的国家，如美国、加拿大等国，仍在继续使用华氏温标。但比最初定义的华氏温度已经有所改进，它和摄氏温度之间有着严格的换算公式。

摄氏温度计标识

现在，摄氏度人们差不多天天都在说。有时候说温度时干脆就省去“摄氏”两字，但是都指的是摄氏度，特别是在我国，一般华氏度是不用的，而在西方很多国家还在用华氏度。在国际航班上，每到一个新的城市、新的国家，肯定先预报一下地面温度，都是报两版，一版是华氏的，一版是摄氏的。

成人和孩子温度不同

华氏和摄氏温度之间可以换算，也非常容易，把摄氏温度数乘以9除以5加上32，就等于华氏温度。

指针氏温度计

在我们生活中，用得非常多的就是体温计。

体温计比测室温的温度计要精确多了。体温计的一头有一个小囊，特别窄，尤其是囊颈这个地方，它可以防止水银柱随着温度上升以后再回落，如果想要它恢复原点就需要用力地甩。

耳温枪

体温计是19世纪后期，英国一个叫奥尔巴特的医生发明的。它有几个特点，一是由原来的30厘米长，变成现在这么短了；二是测量的时

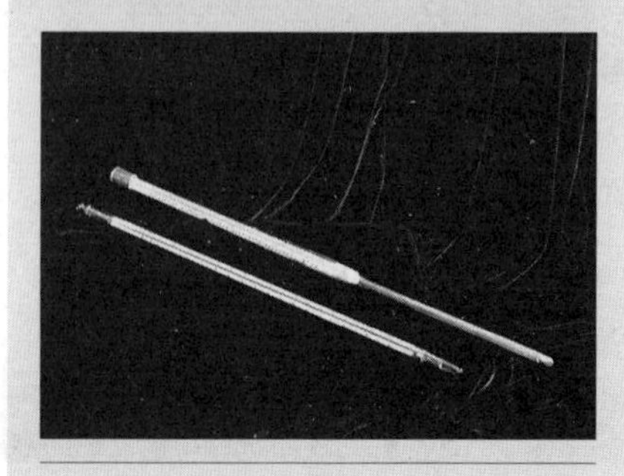

能测极端高温和低温的温度计

间由原来的20分钟缩短为5分钟；三是测量范围只适合人的体温这一段。这是一个很大的变化。

有人认为对19世纪医疗实践影响最大的就是体温计。有了体温计以后，每一个人都可以通过它给自己做一个基本诊断。比如说，在家里，妈妈就可以给孩子测体温，看看他有没有发烧，有没有生病。我们每个人都可以这样来检测。确实是很了不起的一个发明。

37℃是人体的正常温度。实际上人的体温是有差异的，早晨的体温就要比晚上略低一些。而对不同的人来说，37℃也不是一个唯一值，人的体温一般在36—38℃之间。小孩的体温要比成年人略高一些。当体温超过一定温度时，人就会感觉不舒服，也就是发烧，这往往预示着疾病的开始。这些，都可以由温度计来告诉人们。

甄橙（北京大学医学部医学史教研室副教授）:“人都会生病，生病之后都会到医院就医。我们都有这样的体会，就是到西医医院去看病，总要接受很多的化验和检查，有各种仪器辅助诊断。实际上，使用诊疗仪辅助诊断这种思想就是从小小体温计的使用开始的，人们发明了体温计之后，意识到这些诊疗仪器虽然小，但是对医生的临床工作提供了很大的帮助。”

随着科学技术的进步，温度计的新品种不断涌现。在我们的生活中，指针式数字显示温度计大家已经司空见惯，耳温枪这种电子体温计也在最近几年开始普及。在工业科学和国防上，各种先进的温度计就更多了。

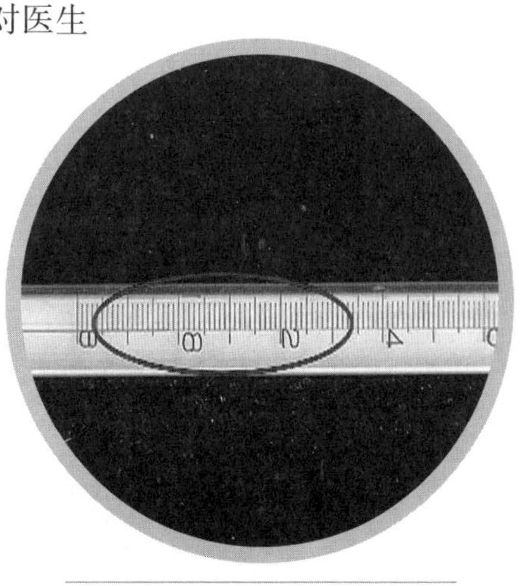

精确到百分之一的温度计

激光温度计的出现改变了测温的方式，

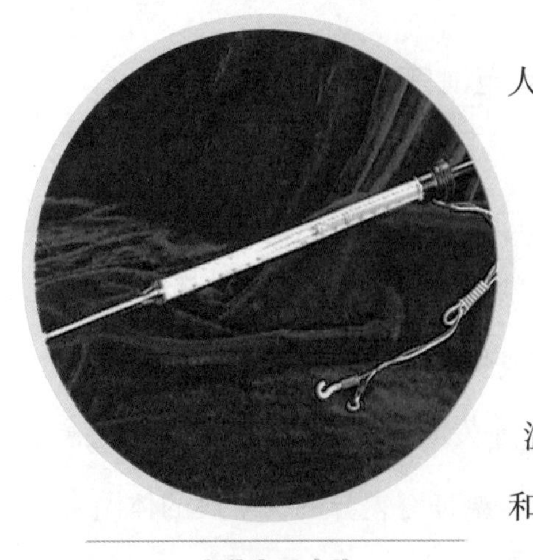

电接点温度计

人们只需将光束对准被测物，无论距离远近，都能测出温度。至于“非典”期间，我们在机场、车站、码头、高速公路等各种公共场所随处可见的非接触式红外辐射温度计就更加奥妙无穷了。这就是温度在我们日常生活中的具体体现，白色和红色表示温度较高，蓝色和黑色表示温度较低，整个外界环境的温度一目了然。温度计再也不是那一支简单的玻璃棒了，而成了人们生活中无所不在的东西。

400多年前，伽利略制作的温度计开了一个小头，后来的人们迈出了一大步。

当初伽利略做这个温度计只是想测一测外界温度的变化，他一定想不到现在的温度计可以测量的范围这么广。

现在的温度计才可以说是真正的“魔棒”。我们不仅仅用它来测量大气的温度、测量体温，在开发宇宙的时候，探索地心的时候，都得带着温度计。温度计虽小，却是现代科学中必不可少的一种科学仪器。

（闫珊）

NO.16 超越视觉
——显微镜

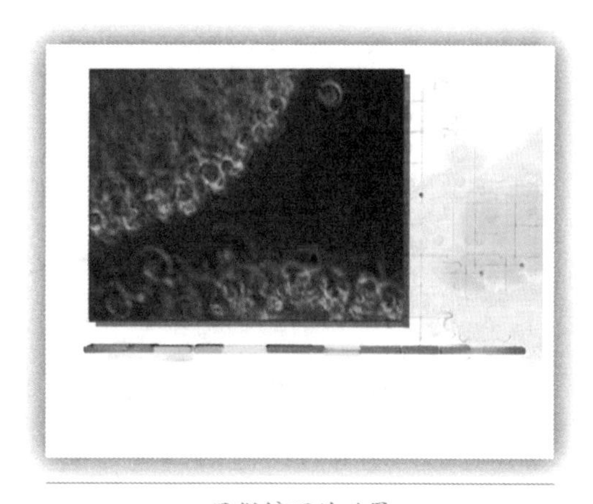

显微镜下的世界

17世纪，显微镜的发明冲击了整个知识界，从此，人类认识的生命形式进入了充满奥秘的微观世界。如果说望远镜是人类视野的一种延伸，显微镜就应该是人类视野的一种扩大。

说起显微镜，不得不提到荷兰。当时荷兰的眼镜业非常发达，而发明显微镜的这个人，就是当时磨制镜片质量最高的一个人，他叫作安东尼·列文虎克。列文虎克从小家境贫寒，父亲早逝，他很早就辍学，去一家眼镜店当学徒。他非常勤恳地跟着师傅学习磨镜片，但是没有几天就

列文虎克

被师傅解雇了。他问师傅："为什么要解雇我？"师傅说："我叫你来只是干杂役、打扫卫生的。"

老板不知道自己开除的是一个天才。

后来，列文虎克到德尔夫特找了个看门的工作，但他始终对磨制眼镜片很有兴趣。有一次他听到一个消息，说阿姆斯特丹有个眼镜店研制出一种放大镜。听到这个消息他非常兴奋，甚至不惜借钱去阿姆斯特丹购买那种放大镜。他准备以这个放大镜为参照，磨制出更好的镜片来。后来，他真的磨出了震惊世界的、直径只有3毫米的小透镜。

直径3毫米的小镜片，实在太不可思议了！

列文虎克请铁匠打了一个金属支架，把那个3毫米的小镜片镶在上面。这个镜片可以把物体放大300倍。

列文虎克是17世纪最伟大的业余科学家和显微镜制造者，他既聪明又有耐心，还有着广泛的兴趣。他曾经制成了非常小巧的短焦距双凸透镜，又利用这些小型的高倍透镜，制成了简单的显微镜。

列文虎克虽然没有受过正规教育，但他并不是一个普通的业余爱好者，他以简单的物体，比如头发、沙粒作比较的单位，确定了用分数或倍数来作为度量显微镜的标准单位。

列文虎克在工作

列文虎克有许多科学界的朋友，著名的天文学家惠更斯就是其中的

工作中的列文虎克

微生物世界一

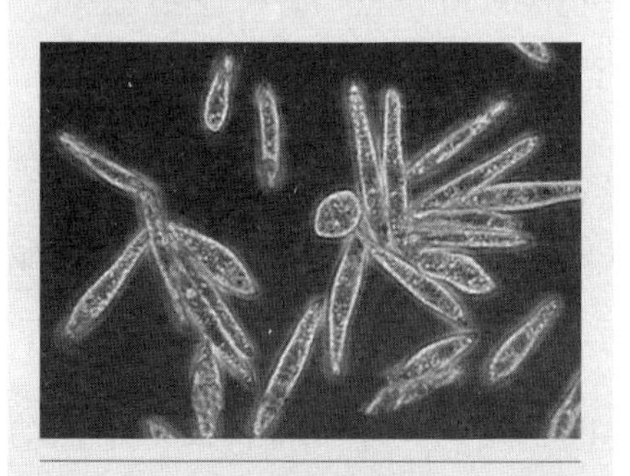

微生物世界二

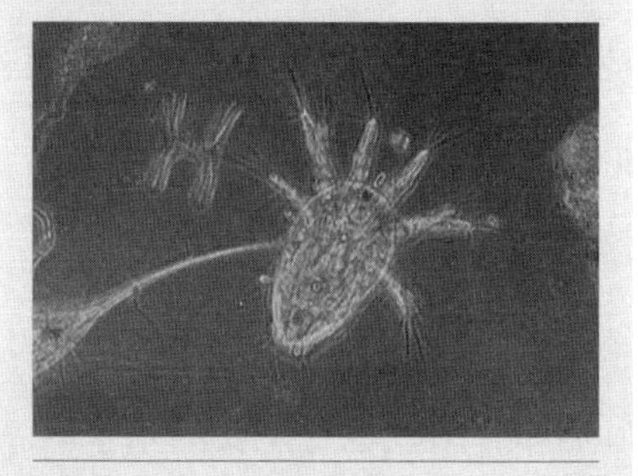

微生物世界三

一位。在17世纪，“光”是那个时代的一大主题，也是当时启蒙运动、思想和信仰自由的象征，还是科学研究的重要课题。惠更斯对光学理论的研究，对列文虎克发明显微镜有着重要的影响。

在惠更斯家的聚会上，那些对大千世界充满好奇心的朋友目睹了列文虎克发现的一滴水中的多彩世界——一个微生物的世界。列文虎克把它们称为“奇怪的小动物”。

列文虎克是一个永不满足的人，各种晶体、矿物、火药、植物、不同来源的水、自己牙齿上刮下来的牙垢、唾液、精液，都是他透镜下的观察对象，因此列文虎克和惠更斯还是最早观察到人类精子的人，这是人类繁衍秘密的微观世界。

列文虎克从小辍学，可是他对自然科学的爱好却是与生俱来的，他对自然界的一草一木、一鸟一兽都非常着迷。在他的小镜子下面，他观察了苍蝇的翅膀、蜘蛛的腿，还观察了一些羊毛的纤维。在列文

成为玩物

虎克的面前，显微镜打开了微观世界的窗户。

列文虎克的实验室又小又黑。1675年的一天，外面下大雨，他看着窗外的雨想：雨滴里不知道有什么东西，也许用显微镜能看出来。于是他用吸管到屋外房檐下吸了一管雨水，放在显微镜下一看，满视野全是一些小东西在蠕动。他觉得必须找一个人来证实一下，就把自己的女儿叫来。女儿一看也吓了一跳，说："这不是童话里的小人国吗？这么多小东西跑来跑去。"

这些小东西，就是后来我们说的微生物。通过显微镜这扇小小的窗户，我们看到了一个新的世界。列文虎克的发现，具有里程碑的意义。

通过他的这个显微镜，后来又开创了很多新的学科。

随着制作技术的不断改进，显微镜从最初精致华美的上层社会的玩物，开始了它作为科学观察工具的使命。在17世纪的早期，人们运用显微镜有了许多超越视觉的发现。

1660年，动物和植物材料显微技术的创始人马尔比基，发现了在动脉和静脉之间存在着毛细血管，从而完善了哈维的血液循环理论。

1665年，英国最杰出的科学家之一罗伯特·胡克发表了《显微图集》一书，他观察到软木塞等物体的组织有着中空的小室结构，形如蜂房，他将其称为"细胞"。胡克的这一发现引起了人们对细胞学的研究。

中世纪，几次大的瘟疫使欧洲许多地方荒无人烟，几年内，数百万人被病魔夺去了生命。除了瘟疫外，炭疽热和肺结核也是主要的杀手。

列文虎克在17世纪发现的纤毛虫和那些肮脏的"小动物"，到了19世

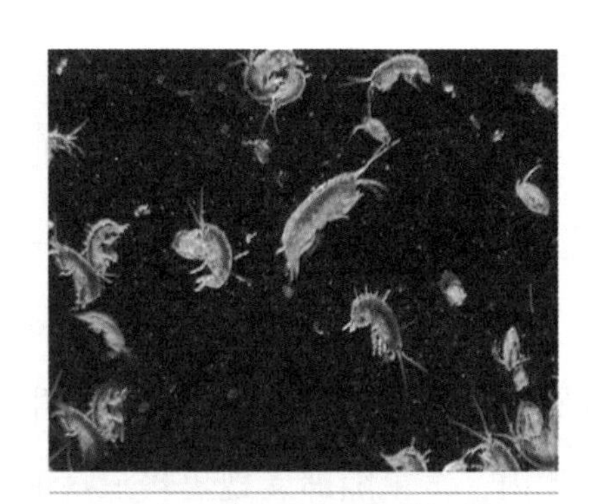

微生物

纪后半期仍然是个谜。此时科学家们有理由来研究这些长期被忽视的"小动物"了，因为近代改良透镜的显微镜完全可以满足科学家们的需要。

法国化学家路易斯·巴斯德用他的天才照亮了细菌学的每一个分支。他在挽救法国酿酒、造醋和丝绸工业的进程中，用显微镜发现了微生物，由此他想到威胁千百万人生命的狂犬病、斑疹伤寒、霍乱、产褥热以及禽畜的瘟疫等，可能都是由微生物引起的。他先后研制成功了防治牛羊炭疽病和鸡霍乱病的疫苗，挽救了法国的畜牧业。他用"细菌"理论和独创的免疫方法寻找狂犬病疫苗，获得了成功。

生物学由此（有了显微镜）开始

1885年7月5日，一个9岁的儿童约瑟夫·梅斯特被他妈妈带到巴斯德的诊所，两天前孩子被疯狗咬伤了。巴斯德给他注射了先前研制的对狂犬病有免疫力的兔子骨髓，以后又注射了12次新的致病力更强的毒液。这是人类第一次狂犬疫苗试

巴斯德

验成功。

当巴斯德研究桑蚕病菌时，德国伟大的医学家、细菌学鼻祖罗伯特·科赫正在一家普科医院的小实验室进行着他的科学研究，其中包括研究炭疽病。

在感染炭疽病的羊的血液里，科赫发现了一种非常微小的棒状微生物。科赫将这种血液注射到健康的老鼠体内，老鼠随即表现出炭疽病的典型症状并很快死亡。科赫在死亡的老鼠体内也找到了这种棒状微生物，证明是这些细菌导致的炭疽病。

1882年，罗伯特·科赫发表了令人振奋的声明：他找到了导致肺结核的结核杆菌，并且证明结核病是一种传染病。在这之后，人们找出了一个又一个病原菌。可以毫不夸张地说，正是有了显微镜，我们才能探索地球上无限小的世界，才开创了今天的微生物学、细胞学、细菌学、组织学、免疫学、药物学等重要学科。

在制作显微镜的过程中，磨镜面是最重要的一个环节，因为它直接决定了显微镜的放大倍数。可能正是列文虎克磨镜片的工艺高人一等，所以大家都认为他是显微镜的发明人。但事实上在他之前，类似显微镜的发明，已经有人做过了。这就是柯得父子。

列文虎克

柯得的父亲也是开眼镜店的，有一次柯得拿两片凸透镜，放在一起看，突然发现地下的蚂蚁被放大了很多倍，他就让父亲来看。他父亲经过几次检验，发现确实是这样，于是把两片凸透镜装在一个套筒里，就成了一个显微镜。但是由于这种显微镜

哈维

放大倍数不高，同时存在着其他缺陷，所以人们只是把它当作一种玩具，没有在科技界推广开。

后来有个英国人叫罗伯特·胡克，他把显微镜从玩具变成了一种科学仪器，他也制作了自己的显微镜，但是相比列文虎克的显微镜，罗伯特·胡克的技术还非常不成熟，有许多缺陷。

列文虎克一生中制作了491架显微镜，最大的可以将物体放大二三百倍，可惜流传到今天的不到10台了。

列文虎克和当时的荷兰工匠一样，他们的手艺是绝对不外传的。但是在他的朋友格拉夫的反复劝说下，他最终把这架显微镜交给了皇家学会，这项震惊世界的发明才得以公之于众。

（田哲）

NO.17

超越视觉

——望远镜

意大利望远镜

放大万物和观察星空的诱惑不可抗拒，是谁引领我们走进超越视觉的宏观世界？答案——望远镜。

人类总是希望不断延伸自己的感觉系统，比如我们说话，就希望声音更大一点，传得更远一点，作用也更大一点，于是就发明了广播，发明了各种扩音器。

如果我们想要把视野再延展一点，就要用到望远镜了。有了望远镜以后，不用更上一层楼，也可以穷千里目。那么是谁为人类实现了这个

原始望远镜

理想呢？

望远镜的发明人是一个名叫利帕希的开眼镜店的商人。16世纪，荷兰的放大镜和眼镜业都非常发达，利帕希家总有一些磨废的眼镜片，他有3个非常淘气的孩子，没事的时候他们就拿一些磨废的眼镜片玩。其中一个孩子把一个凸透镜和一个凹透镜叠在一起，举起来一看，奇怪的事情发生了，他看见远处教堂的塔顶、树木不但变大了，好像还拉近了。他觉得这件事很奇怪，就把弟弟和父亲利帕希找来一起看。利帕希从中受到启发，便找了一根粗细合适的金属管子，把凸透镜和凹透镜组合在一起，调整到适当的距离，这就是世界上第一台望远镜。

伽利略

原来望远镜的发明还是受了孩子的启发！按照这个说法，望远镜的发明实际上是在利帕希家的阳台或者后院中发明的。另外有一种说法，最初的望远镜是和军事领域的用途有关，这两件事存在什么联系呢？

伽利略望远镜之一

利帕希发明出了最初的望远镜以后，很快意识到这个东西有着广泛用途。于是，他把望远镜的专利权卖给了当时的荷兰国会，国会不仅给了他一大笔奖金，还表示希望他能研制出一种两只眼睛同时能看的望远镜，用于军事上。

伽利略望远镜之二

荷兰军方当时还一度想封锁这个秘密，可是纸包不住火，很快这个消息就传遍了欧洲。在利帕希发明望远镜的第二年，意大利物理学家伽利略就从他的同行那里听到了这种发明。

月球

1609年，一件神秘的物品被带到意大利，这件物品彻底改变了伽利略的一生，它把伽利略卷入疑惑的漩涡之中，并几乎要了他的性命。这就是望远镜。

尽管伽利略收到的这副最早的望远镜还很原始，仿佛就是一件新颖的玩具，可他还是激动不已，他知道，这个东西将彻底改变人类观测世界的方式。

银河

伽利略一看清楚望远镜的样式，

木星图

牛顿

望远镜

便立即奔回家，当晚就制作了自己的第一副望远镜。但这仅仅是个开始。此后，伽利略将整个工作间用于制作望远镜，为的是要造出放大效果更好的望远镜。他很快就取得了成功，制作出了30倍率的望远镜。接着，他激动不已地将这副望远镜对准了太空。

从望远镜里看到的一切让伽利略惊诧不已，天空向他展示了自己的秘密和奇妙。每一次新发现，都向他提供了地球转动的证据。而伽利略所看到的景象，更是令这位17世纪的观测者惊叹不已。在30倍率的望远镜下，观看月球真是太美妙了，太令人激动了。只要动动脑子，我们就可以肯定月球表面并不是光滑平坦，而是粗糙不平的。就像地球本身的表面一样，到处都凹凸不平，有巨大的沟壑，高耸的山脉和深深的峡谷。

新的发现一个接一个。通过望远镜，人们发现银河是一个巨大的星团，那里有过去从未见过的星体，伽利略说：其数目之多，几乎令人难以置信。他还发现木星周围的四颗卫星是绕着木星运转的。几乎在开始研究夜空的同时，他就发现金星肯定是绕着太阳，而不是地球运转，这就进一步证明了哥白尼的地球绕着太阳运转的理论是正确的。

第一次通过望远镜看月球，伽利略看到月球表面凹凸不平，有山川有平原，所以他笑了一下说：月亮原来是一个充满了麻子的“美人”。

隔得很远看皎洁的月亮，大家心里充满了美好的想象，可是拉近距离一看，原来月球表面坑坑洼洼，这么难看。据说当时伽利略还做了一台望远镜，送给了他的好朋友开普勒。

开普勒是一个非常了不起的科学家，他是继哥白尼以后，另一个忠实地坚持日心说的天文学家。如果当时开普勒没有天文望远镜的帮助，他也没法证明哥白尼的日心说。

不过伽利略制作的望远镜有一个缺点，就是他看到的图像旁边有一个彩色的圈儿，影响了观察图像的准确性。还有诸如图像看不清晰等问题。伽利略原本以为把镜筒做长了就能看清了，可后来他发现这样做也无济于事。

这个问题是被伟大的科学家牛顿解决的。

现代望远镜

牛顿在数学、物理学、天文学等各个领域都有很多重要的发现和伟大的发明。牛顿根据他的知识背景，发现了伽利略的折射望远镜存在的问题，从而发明了反射式望远镜。

老式望远镜使用的是透镜，通过透镜，白光被分解成多种颜色，于是看到的影像周围会出现彩色的像差。而牛顿制作的反射式望远镜使用的是反光镜，白光会被折射或分解，也就不会出现彩色像差，因此看到的景象非常清晰。剑桥大学的一位同行最终说服牛顿，将他的反光型望远镜介绍给皇家学会。牛顿的这个发明令当时科学界的精英们无不为之惊叹。

天文台

最初的望远镜，因为是在荷兰发明的，所以大家把它叫作“荷兰柱”。不过望远镜传入中国的时候，有一个非常形象的名字，叫“千里镜”，大概是从“千里眼”受到的启发。望远镜传入中国是明朝时期，是由德国传教士汤若望把它带进来的。汤若望不仅带来了实物，还把制作望远镜的知识也带到了中国。崇祯年间，大学士徐光启按照他的方法做过几架望远镜，崇祯皇帝还亲自用这个望远镜看过天象。

望远镜到了中国以后，被广泛地用于军事。据说郑成功收复台湾以后，临终之前还强打精神用望远镜看澎湖那边有没有船过来。

清朝有个宫廷画家郎世宁，他为香妃画过一张像，叫《香妃戎装像》。画中香妃顶盔披甲，手里还举着一具单筒望远镜。这也说明望远镜当时与军事关系紧密。

从清朝的战争到后来抗日战争、解放战争，望远镜得到了广泛应用，而且也是非常珍贵的军用品。抗美援朝的时候，志愿军缴获了成千上万的枪炮，但只缴获4架望远镜。日本侵华军司令冈村宁次大将在投降的时候，交上了3样东西，一个是手枪，一个是指挥刀，再一个就是他的望远镜。

这说明望远镜在军事上也代表了一种指挥权。还有一个故事，彭德怀

天文台

元帅在贺龙元帅挺进大西南之前，送给他一份礼物——一筒烟丝，而贺龙元帅回赠给彭元帅的则是一架从敌军那里缴获的大倍率的军事望远镜。

望远镜在天文方面也发挥了重要用途。现代人已经不再满足于在地面用望远镜观看了，人们把它装到了天上，这就是哈勃空间望远镜。它每天都要向地面传送精美的图像。为了看得远，前面的镜片越磨越大，据说，全世界现在已经有16架直径超过5米的天文望远镜，其中最大的一台，人们叫它霸王天文望远镜，它的镜面直径达到了10米。

（田哲）

NO.18 牙刷

菩提树枝做牙刷和牙签

在国外做过一个民意测验：汽车、牙刷，还有计算机这三样东西让你选，在生活中你最离不开的是什么？

这三样东西毫无关联，也不是一个类别的，但是在美国的网上做这种测试的时候，大多数人的选择都是牙刷。

汽车、电脑并没有什么离得开离不开的，但是牙刷每天都离不了。但是要说最早的牙刷是什么样的，已经很难考据了。据推测，最早的牙刷可能和牙签是同一种东西。

牙刷、牙签的发明与唐僧取经有关。公元600多年，唐僧玄奘到印度取经时，就发现印度的和尚有清洁口腔的习惯。当时在印度用的是什么呢？用的是菩提树枝。菩提树枝的木质纤维比较松，把皮剥掉一段，用牙咬开，再经水泡，就成了木制牙刷。另一端削尖，用来做牙签。

据说，佛祖释迦牟尼在给弟子们讲道时发现他们有口臭的毛病，就为他们加开了口腔卫生课：“汝等用树枝擦牙，可得五利也。”弟子们从此养成了刷牙的习惯，不过释迦牟尼也许不知道弟子中也有用手指刷牙的，这是在没有牙刷的时代人们的一种刷牙的方法。最终从菩提树枝的两端，开始了牙刷、牙签的发明史。

这个方法从印度通过玄奘在唐朝时传入中国，可是中国没有菩提树，而杨柳到处都有，人们就寻找到用杨柳代替菩提树来洁牙的方法。柳枝当时不叫柳枝，叫杨枝。现在

树枝的一头咬开就是“牙刷”

佛祖在讲学时要弟子们清洁牙齿

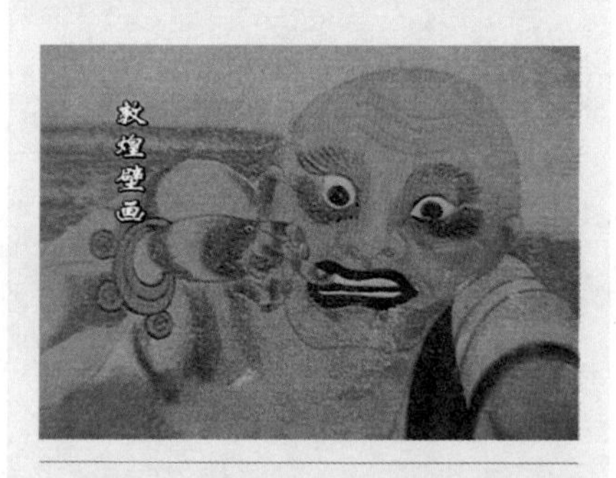

敦煌壁画上的手指刷牙

菩提树枝

日本仍把牙刷叫杨枝，牙签叫小杨枝，这都是从中国传到日本去的。

卡教授带回的菩提树枝

牙签又由日本传开，比牙刷更早地传入欧洲。在16世纪的欧洲，牙签的身价可不像它本身那么轻。

古罗马有记载：罗马帝国时代的上流社会都特别注意卫生，他们的公共社交场合就是浴室。那时没有现在这种牙刷，普遍流行用牙签，就是一根小棍子来清洁牙齿。

在英国也有一个记载：15世纪初，有人把金质的牙签作为礼品送给英国国王，国王把（金质）牙签穿成一串挂在胸前，既可以清洁牙齿，也是一种装饰品，这充分说明了这个小东西的地位。

牙签、牙刷实际上是两种不同的用具，分别都有自己不同的演变历史。牙签其实不论怎么变，金质的、骨质的，反正就是这么一根细棍，一端尖尖的细棍。但是牙刷的演变就复杂多了。

植毛牙刷源于中国，是现代牙刷的雏形。最早的植毛牙刷，出现在中国辽代。国外报道有牙刷这么一说，是在500年以后，法国有一个牙医说，世界上有马尾做的植毛牙刷，是马可·波罗把中国这个发明带到欧洲去，进而在欧洲传开的。

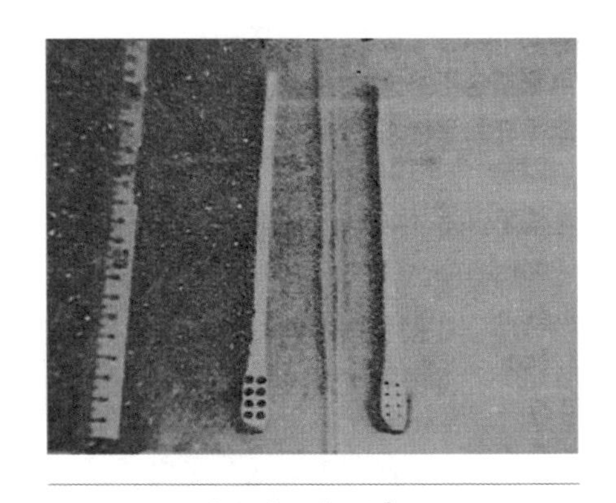
植毛牙刷起源中国

几百年间，一根手柄、几撮刷毛的牙刷的演变史也是人类的文明进步史，它自身的变化见证了科学技术的成熟发展。现在的牙刷在设计上越来越人性化，尽可能地考虑到让使用者方便舒适，更有细微的专利制作是我们直接用眼睛看不出来的：这叫顶端磨圆技术，是专对牙刷的刷毛顶端做磨圆处理。两把牙刷的刷毛从表面上看没有什么区别，当然这里所指的是每一根刷毛，但是当把它们放大145倍后，就可以看出经过磨圆处理的刷毛顶端是圆的，另一把刷毛的顶端是平的。可以说牙刷的发明顺应了人类文明的进步，也维护着全人类的健康生活。

表面看牙刷毛没什么区别

其实口腔卫生每个人都挺重视的，但重视归重视，每个人的习惯各不一样。

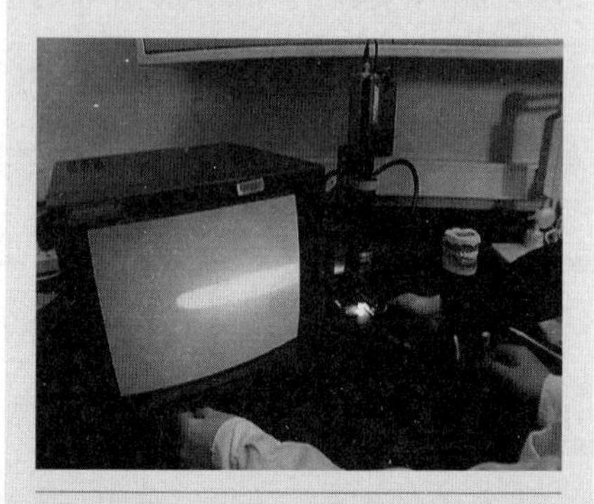

放大145倍

现在有很多发达国家和地区，确实把牙齿的健康作为衡量当地人生活水平的标准。有人说，在荷兰，30岁以前的人没有得牙病的，这个人群的牙齿基本都是健康的。

有一句话叫“老掉牙”，没有什么出处可考证。但大家都约定俗成地认为人老了以后就该掉牙了，是个自然过程，甚至认为人老了以后

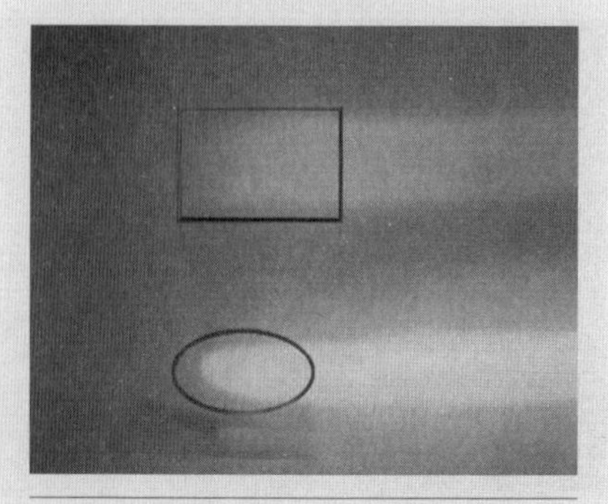

有的是平的，有的是尖的

没有牙都是正常的。有个故事，宋朝诗人陆游，他活了85岁，但是在60岁的时候他就只剩下两颗牙了，而且那两颗牙还是松动的，没多久那两颗牙也掉了。在他一生中因为牙痛而引起的痛苦和烦恼不知有多少，他为此写了150多首诗词。

早期欧洲的牙医就是拔牙

总的来说，过去的人对牙齿的保健维护确实比现在差多了。在19世纪以前的所有牙科治疗的历史记录里，基本上治牙痛和牙病的方法就是拔，早期的牙医也没更多的好办法治疗，你要是牙齿有病，就面临一种命运——拔牙。

在欧洲，最早的牙医是街头的铁匠和小贩们的附属职业，这种状况一直持续到19世纪末。

当牙痛得没办法必须拔掉时，就出现了拔牙钳子，样子和现在铁匠的老虎钳差不多。

这样说来，牙刷发明的意义要远远大于拔牙用的钳子。到了20世纪50年代，诞生了世界上第一支含氟牙膏，这项技术更是改变了刷牙只是清洁口腔的理念，而是从预防牙病开始来保护牙齿、维护人类的健康。这项技术被美国化学界评为过去一百年来最伟大的100项发明之一，而科技的发展和进步带给我们的还有更多。

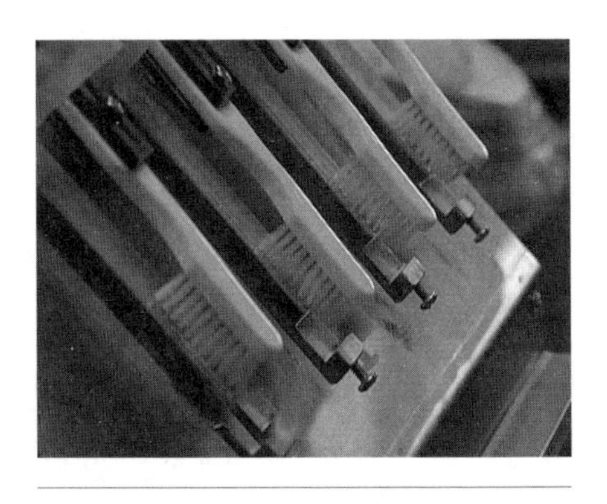

现代牙刷的制作

其实牙刷、牙膏这些小东西平

古人在刷牙

时不被大家重视，但是它的每一项改革、每一项进步都牵涉各个方面。就说牙膏的包装形式，要说的远一点，在最初的时候给航天人员准备的食物也是这个形式。我们小时候就听说，宇航员吃的东西是从牙膏里挤出来的半固态、半液态的食品。当时，宇航员在太空失重的情况下如何吃食物是一个难题，很难解决。于是大家想了一个办法，把苹果酱、牛肉酱，还有一些青菜和饭做成糊糊，装在牙膏包装里，用一个吸管把它吸进去，后来在太空试验中发现这种状态的东西长期吃，人受不了，还是得吃一点固态的饭。

20世纪90年代以后有了丰盛型的太空食物。杨利伟上天带了3种食品：第一种食品叫食谱食品，第二种叫应急食品，第三个叫补充食品或者叫储备食品。他吃的东西我们在电视上看到的是一口吞下去，非常好吃而且有各种营养，但是把它吃下去有一条：必须闭着嘴嚼，在机舱里不允许有任何粉尘，不允许有任何残渣。一旦有了粉尘、残渣，对机器是致命的，对人也是致命的，因为睡着以后，你可能把它吸进去。

（费燕）

NO.19 风筝与滑翔机

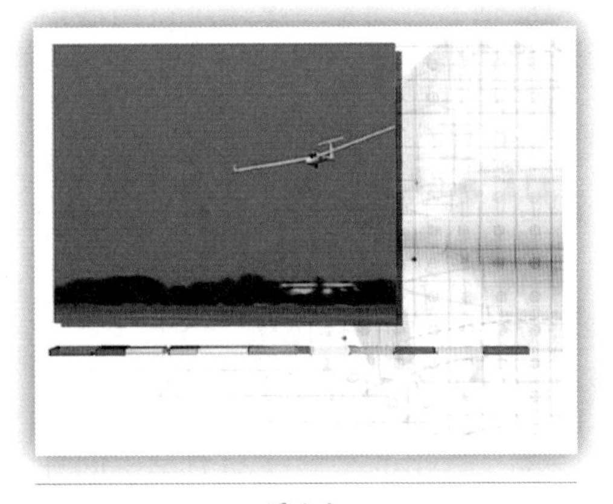

滑翔机

春天到了，放风筝的人又多起来了。风筝对我们来说就是一种大玩具，恐怕没有人在放风筝的时候想：我现在放的可是人类最早的飞行器啊！但确确实实风筝就是中国发明的最古老的飞行器。风筝作为中国的一大发明，这是世界公认的。有两件事可以证明：一是李约瑟写的《中国科学技术史》，里面说中国风筝是传到欧洲的一个伟大的发明；二是华盛顿的航空航天博物馆，在它开馆的时候，摆着的一件东西就是一个中国风筝、一个牧童吹短笛，所有人到那儿一看就想到了飞行，想到了中国。

风筝，只需要一张纸片几根竹条，就能在风中飞得很好，靠的是风。相传，最早载人升空的飞行器就是风筝。楚汉相争，风筝曾载着身材轻巧的张良，唱着楚歌瓦解敌人。这样的说法当然让现代人难以置信。但风筝的滑翔原理倒是飞行空气动力学中一个最有价值的飞行原理。滑翔翼、滑翔机也因此而诞生。

主持人王雪纯

滑翔，不需要动力，只要借助像鸟翼一样的物体，从高处往下飘，就实现了早期的“飞行”。

风筝

风筝的升空、滑翔机在空中的滑翔，运用的是空气动力学中的升力。所有借助滑翔机原理升空的飞行器，要想飞得高飞得远，简单地说，就是要看风的“脸色”。

准确地说，是要看流动的空气的作用。这里有两个方面：第一，滑翔机本身是有动力的。动力是什么？就是它自身的重力。你想办法把它带到高处，它就有了一个势能，

飞行器风筝

就要往下降落，操作人员也就是飞行员要想办法调整飞机的姿态，使得在下降的过程中，在机翼上产生出升力来。我们通俗的说法就是它慢慢飘落的过程，就是滑翔的过程。第二，有经验的滑翔机驾驶员能够寻找到上升气流。上升气流也不是我们现在发现的，最早的时候，应当是晋朝，有一个叫作葛洪的老先生，这位先生非常了不起，航空界开玩笑说他是中国最古老的航空知识理论家。他不断地观测，发现在太阳很强的时候，草地上或者沙滩上，老鹰不再抖动它的双翼，可以把双翼升直，在天空中飞翔，就是我们说的滑翔。他就给它起了一个名字，说“此乃罡气也”。这个罡气就是我们现在说的上升气流。发现了这个滑翔的原理，也就等于揭开飞行奥秘的第一步，也是关键的一步。

滑翔机诞生

1800年，英国有一个叫乔治·凯利的人，就利用了中国风筝的原理，用一个向后一点的翅膀、后面带着一个穗头来保持它的稳定，做了一个风筝式的滑翔机，而且他飞行成功了。

这个乔治·凯利还有一个关于飞行的故事——滑翔机的故事，特别有趣。他真正实验成功、能飞、能载人的时候，已经是一位年过古稀的老人了，所以他自己肯定不能去飞。当时他就找了一个小男孩——一个个子比较小的小男孩去飞。他

滑翔试验

滑翔爱好者

最成功的一次载人飞行是让他自己的车夫去飞，而且飞得很成功，飞越了一个峡谷。等到这个车夫平安降落到地上，周围的人都欢呼：“有人能飞了！”大家都去祝贺他，结果这个车夫从地上站起来高喊道：“凯利先生我要辞职，您雇我来是让我驾车的，不是让我来飞的。”

这个故事非常有趣。但是世界公认的现代滑翔机的发明人是德国的工程师奥托·李林达尔。他在1891年到1896年这几年的时间里，不断地研制和改进自己的滑翔机，五六年间差不多飞行了2 000次，也就是差不多每天要飞行一次、滑行一次。大家都说李林达尔是飞行大家，航空界的人都很尊重他。他重视试验，而且重视自己亲身的体验。如果那个时候李林达尔就想到要给这个滑翔机装上发动机，那人类飞行史就又得重写了，也许就没有莱特兄弟的事了。

李林达尔只注意飞行，但不注意安装动力和如何改进，结果第一架飞机的整个发明权就不属于他了。而且李林达尔在试验滑翔机的时候，是拿自己做试验。因为要模仿鸟在天上滑翔的姿态，他把滑翔机整个捆绑在自己的肩上，他真是把自己当成一只在天上自由飞翔的鸟，完全靠改变自己身体重心的位置来保持滑翔机的稳定。但是这恰恰是他犯的致命错误：他自己在飞行的时候完全靠自身的体重和所处的位置来改变飞行。1896年8月10日，在柏林附近的一

滑翔比赛

个高坡上，他往下飞的时候，忽然迎面来了一阵非常强的风，他赶紧调整自己的位置，往前压机翼，但是已经太晚了，风一下就把他吹翻，从15米高空摔下来，当天他就去世了。临死的时候他对他弟弟说了一句："总是要有人牺牲的。"他是一个英雄，德国人民很怀念他，德国航空航天博物馆里有人给他立了一个碑，称他为"最伟大的老师"。

比赛前的等待

在滑翔运动爱好者的心里，一定有对李林达尔这位老师的一份敬意。滑翔比赛的特殊性是不希望晴空万里，无风无云。因为天气太好，滑翔机找不到风找不到气流，比赛就无法进行。参赛选手利用等待的时间调整自己的滑翔机，或者干脆休息一下。现在的滑翔机使用重量轻、阻燃和能够增加强度的铝、玻璃纤维、碳纤维等材料制成，一般机翼长度在13～24米之间，机身在7～10米。滑翔机与动力飞机不同，在起飞前基本上不需要进行检查。但滑翔机的牵引起飞有严格的规则，这是为了防止飞行因气流涡旋发生故障。起飞时，滑翔机驾驶员的动作协调性是关键，他控制着滑翔机能不能平稳地升空。滑翔机被逆风牵引升入空中，在大约600米高时与牵引机脱离。

终于等到了风，比赛可以开始了。暖气流从城市或一片被太阳晒热的平原上升，将滑翔机螺旋形向上升举。驾驶员会寻找孤立的云团，因为这种云团表示有上升的暖气流。有了它，滑翔机就可以在空中自由地翱翔。这一幕我们太熟悉了，在那部经典的法国喜剧片中，是滑翔机带着他们"虎口脱险"。如果说电影只是艺术表现形式，那滑翔机在二战中的神勇表现，曾使它获得"空中战神"的美誉。它轻便、制作简单、成

机体

本低，最主要的是它可以毫无声息地接近目标。滑翔机上唯一的能源就是供仪表和无线电使用的小型电池；现在滑翔机的直线飞行最远纪录是在1972年创造的1 460.8千米。尽管滑翔机设计、制造技术从1972年起就日趋完善，但是要想创造良好的纪录，主要因素还是天气条件和飞行员的技巧。

滑翔机要想飞行时间长，就必须飞得高。现在最高的纪录是美国的哈里斯创下的。他曾经把一架滑翔机带到了1.4万米的高空，这是很不得了的一个高度！在这么一个高度，他慢慢地往下飘，飞了很远很远的距离。美国有一个亿万富豪叫作福斯特，他自己制作热气球，环球转了一圈。他现在又要挑战哈里斯，要飞一个1.9万米的高度，而且要用滑翔机飞，但是两次都因为气候的原因使他没有试验成功。

关于滑翔机的用途，现在又有更新奇的说法了。法国有一位42岁的冒险家，名字叫安基诺·达里哥。他接受了作为俄罗斯的一个叫亚马尔自然保护中心的聘请，用滑翔机去完成一个神奇的任务：做领飞的那只鸟。他要加入到很多西伯利亚白鹤的队伍当中。因为西伯利亚白鹤濒临绝种，有这么一个迁徙计划，是从俄罗斯起飞，飞到5 000千米以外的伊朗去过冬。如果能完成这个飞行，对白鹤种群的保护是很有意义的，但是由于种种原因，需要有一只头鸟来带领。达里哥正在做这个准备，如果能够实现的话，真是挺像一个人间神话的。

这个设想如果变成现实的话，他也创造了人类自由飞翔的一个最高纪录。报纸上说，达里哥其实已经当过头鸟了。2001年，他跟着从非洲大陆迁徙的老鹰，飞过了撒哈拉沙漠、飞过地中海，一直飞到意大利埃特纳火山旁边。怎么被人发现的呢？他自己并没有张扬，是鸟类科学家在观察鸟类，发现这个鹰群里面怎么有一只这么稀奇古怪的鸟啊，这才发现原来是他在跟着鹰群飞。也许他还有另外一种超人的能力，就是能够和鸟群相处，这个也很不容易，不是说你想跟着它们飞它们就允许的。另外达里哥说：虽然我像鸟一样在天上跟着它们一起飞，可是我毕竟不是鸟，鸟的自由是不能比的，鸟想怎么飞就怎么飞，跨国也好、跨洲也好，但是人不行啊，在跟着它们从非洲往意大利飞的时候，在突尼斯海关就得下来查一次护照，鸟就用不着了。最后在意大利埃特纳火山旁，他建了一所飞行学校，看来他是想再多培训一些“头鸟”，但愿他能成功，据说现在已经有很多人报名了。

能源提供

（费燕）

NO.20 热气球

主持人

儒勒·凡尔纳的长篇小说《气球上的五星期》，说的是主人公弗格森博士乘着热气球到非洲去探险的事情。那时候，人要穿过撒哈拉大沙漠是不可思议的事情，但通过热气球飞越非洲，看一下地面的风光，这就变成现实了。从这一点上可以猜测，儒勒·凡尔纳也许就是一个热气球运动的爱好者。

他在书中借弗格森博士，也就是主人公的口有这样一段描述："我一坐上热气球就什么也不怕了，什么激流、沙漠、野兽、土人。我如果觉

主持人在介绍小说里的故事

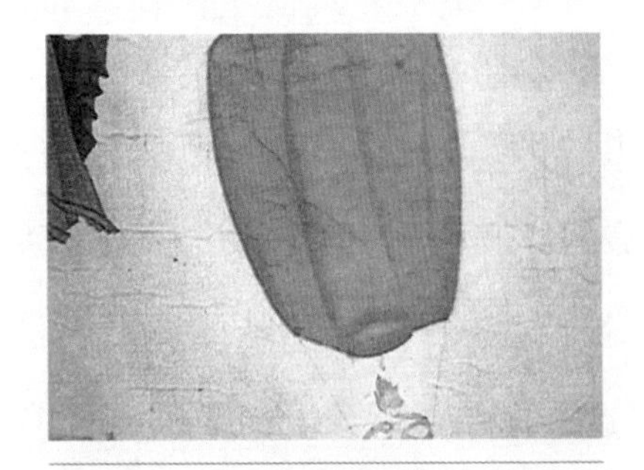

孔明灯

走马灯

实验成功

得冷就把气球降低一点，如果觉得热就把气球升高一点。”他把翱翔在高空中的感觉、贴着地面划过水面的场景描写得特别美。如果一个人从来没有坐过热气球，他根本写不出这么美的一种感受。一个热气球——浪漫地想一下——贴着地面慢慢地飘，看着大地的景色是非常美的。但是实际飞行中并不是那么简单，它受气候的影响还是非常大的。不过毕竟热气球圆了人类上天的一个梦，它比飞机上天早了120年。

1783年，法国凡尔赛宫前，在人们的惊叹声中，热气球的升空试验成功。那一刻，人们几千年的飞行梦想终于实现了。

对人类来说，也许就是从那时起，地球与蓝天才算是真正地融在了一起。飞行器升空需要有升力和推力这两种动力，热气球利用了升力，但是升到空中后，就只能随风而飘了。是热气球在航空史册上写下了第一笔。

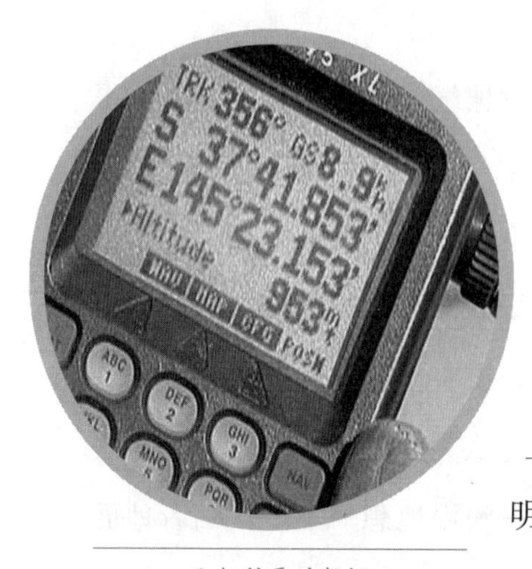

飞行所需的数据

中国古代的孔明灯被公认为是热气球的鼻祖。相传在公元907—960年的五代时，一位随夫出征的民妇，用竹片和纸做了一个灯笼，底盘用一种油点燃，当它里面的空气被烧热后，灯笼就扶摇直上，当时是用作联络信号，后来被称为孔明灯。

除了孔明灯以外，利用燃气原理在飞行物中有所贡献的还有走马灯。走马灯就是利用燃气向上升的过程中带动了涡轮的转动，或者叫叶轮的转动，灯就转起来了。其实从原理上说起来，这不是多么深奥的道理，但关键是这个简单的现象、简单的原理能够被人发现、认识而且能够利用它来进行创造，这就是发明家和普通人不同的地方。

书上记载热气球的发明者是法国的一对兄弟。这对兄弟的名字译音挺有趣，叫蒙高飞，看上去还和飞行有点关系。他们两人是造纸厂的工人，因为看到一个自然现象——在篝火燃烧起来的时候纸屑在上面飞舞，受到启发。他们做了一个大纸球，然后用稻草和湿布把它点燃了，看看能不能靠这个烟使球飞起来。他们认为是烟气把这个球托起来的，这个球还真飞起来了！实际上就是热空气产生了一个升力。

另外一种版本说，1782年，两兄弟在巴黎的街头看到有几个艺人在表演叫作日本灯的新鲜玩意，这种日本灯实际上就是中国传过去的孔明灯。他们很受启发，想自己试试行不行，就拿了一个纸口袋放在火炉子上烤，烤到一定时候这个口袋就升上去了。然后他们又做了一个布的口袋，大一点，又用火烤，这个球一下子竟然升起了20多米。这些试验确

载客的篮筐

检查部件

热气袋

确实实给他们后来发明热气球带来很大的信心，几乎就要接近成功了。

关于蒙高飞两兄弟试飞第一个热气球的故事特别有趣：1783年，他们经过前面的试验，决定公开地做一次试飞。当时的热气球做得很大，是用纸和亚麻布做成的，不光是一个球，还有乘客呢。球的下面吊了一个篮子，放了一只鸡、一只鸭、一只绵羊，总共3位乘客。当时还没有什么能够载人飞行的东西飞上天空，所以很多人都来围观，场面特别的壮观，甚至在巴黎凡尔赛宫前面，国王路易十六和他的王后都来看这个表演。结果这个飞行成功了：成功地飞上天、成功地着陆。大家很关心这几位乘客怎么样了，结果很高兴地发现大家都安然无恙，那只羊还在吃草，就好像什么事也没有发生一样。唯一遗憾的就是那只公鸡受了一点伤，不过后来证实跟飞行没关系，是被那只绵羊踢的。

后来蒙高飞兄弟就开始进行人类的升空探索，最后做了一个热气球，23米高，差不多相当于8层楼高。经过测试，确确实实可以让人类飞上天去。对于谁来乘坐热气球，出现了不同意见。有的人建议，找两个死囚犯人，让他们坐，这样的话就是摔死了也没什么。蒙高飞兄弟坚决不干。如果成功了，难道这个人类第一次升空的英雄就是这两个死囚犯人吗？国王也是同样的意见。大家后来反复商量，最后选了两个勇敢的年轻人，让他们坐在这个气球上，一下就飞上天了。热气球升空，这两个年轻人创造了一项伟大的纪录。

鼓风

点火

中国古代有本书叫《淮南万毕术》，里面说在公元2世纪的时候中国就已经有了微型的飞行器了，是用鸡蛋壳做的。把一个鸡蛋打一个小孔，然后把蛋清蛋黄都倒出去，这个空蛋壳底下不是有孔了吗？然后在底下烧艾蒿，热气上升，这个蛋壳就能飞上去。但是有人实际操作过，没有成功。但它的原理是对的，如果能把这个鸡蛋放大10倍、

气球展开

旅途的开始

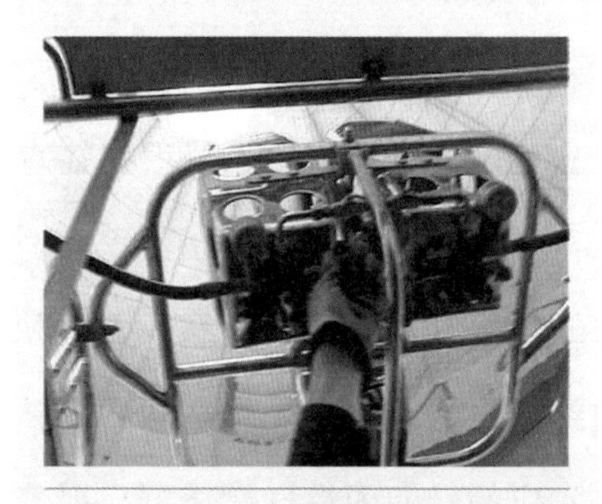

燃烧器

高空看到的景象

100倍、1 000倍，它就完全可以升上去了。热气球的发明，对于当时那个时代不能离开地面的人来说，真的是一种神话实现了的壮举。热气球是人类实现飞行梦想的第一个工具，这一点是非常重要的。但是热气球升空受到气候的影响太大了，没风不能飞，飞起来也会在原地不动；风太大了不能飞，起来的时候就东倒西歪的。

有一次在非洲的肯尼亚，几位摄影师想乘坐热气球去拍摄玛赛玛拉草原上角马大迁徙的壮观场面。为此起了一个大早，天还黑着就去了场地，做了各种准备，人也钻到篮子里等着了，最后折腾了半个多小时，不断地看着驾驶员向那个气球里喷火。上去了吗？没有！还在那个篮子里躺着呢！那天风太大了，这个气球老是在鼓到一定程度的时候就被一个方向吹来的风压扁，不断地被压扁。后来飞行员特别遗憾地说：只能放弃。因为这么大的风，即使飞起来了，几十秒之后也要坠

气球着陆

落，肯定会出事。

热气球要飞行成功，装载乘客的篮筐要先放好，每个连接部件都要仔细检查，保证万无一失；球袋当然是热气球升空的基本保证，它一般都选用色彩鲜艳的尼龙材料，只要使用者愿意，它可以造成任何一种形状，不过我们最常见到的大都是球形。把球袋尽可能平铺在地面上，开始鼓风，这跟我们吹气球差不多，只不过我们没有那么大的吹气本领；气球就这样一点点膨胀，直到最后完全展开。

然后是点火，这个庞然大物慢慢竖立起来，升向天空，最后扶摇直上，飞翔在蓝天上。

热气球的动力是燃烧器，靠燃烧器的热量升空后，就全靠风力行驶了；能够利用合适的风力、风层、风向到达目的地，就是热气球的驾驶技术。现在的热气球一般都使用有高热效应的轻便丙烷气燃烧器。乘着热气球升到高空，与天地融为一体，像是在云中漫步。看到这样的景象，乘客们自己也不知道用什么样的语言才能表述出此刻的心情。

世界上热爱热气球飞行的人特别多，现在全世界大约有2万个热气球。在欧美很多国家，差不多每天都有热气球升空或者比赛。咱们国家购买一个热气球要八九万元人民币，现在买一辆普通家用轿车也差不多这个价钱。家庭也好，个人也好，进行

热气球回收

热气球飞行不是不可能的事。美国有一个亿万富翁，2002年7月2日创造了一个纪录：单独一个人坐着热气球环绕地球一周，飞了2.7万多千米。他是从澳大利亚起飞的，又安全地回到澳大利亚来。这个人已经58岁了，还能创造这样的纪录，这是很不容易的。

（费燕）

NO.21 飞艇与气球

飞艇

北京有这么一个规定，在北京的三环以内，上空不许放飞艇和气球。许多国家都有对飞行禁区的规定，像一些军事要塞或者是首都等重点保护的地方，上空都有飞行禁区。那些气球或者飞艇是做广告用的，不是我们真正用于载人的飞艇。真正载人的飞艇有一个最大的特点就是它上面有发动机，会向着自己想去的地方飞。

一本航空杂志上说到飞艇，介绍说德国有一家运输公司正在制造一艘特别大的运输货物的飞艇，据说得到三四年之后才能造成，它将来的

氢气球

推力装置

早期的飞艇

飞艇的发明者

负载能力有波音747飞机的三四倍，可真是了不得。在距离合适的时候，对于那些超大件的货物，用这种飞艇运输要比公路、铁路，甚至于其他任何交通工具都来得合算而便捷。比如一个特别大的物体，在公路上运输很困难，要超大型的车，有些隧道或者桥梁都过不去。但飞艇可以，慢慢把货物提升起来再放下去。其实在飞机出现之前，飞艇是很重要的运输工具，有过一段非常辉煌的历史。

人们利用轻于空气的气体升空，由来已久；早期有氢气球，人们利用氢气球打捞沉船；这个记录更是有趣，用气球吊起武器，从空中打击对手。为了实现真正的飞行，飞艇应运而生，它不再靠风力和风向行驶，它有了产生推力的装置，还有了接近于现代飞机的船舱；它还有过充当“空中霸主”的时代。

很多事情的发展都是这样，到了一定的时候人们就会发现它的很多问题。比如说最早的载人飞行的气球，开始大家对它也是特别乐观。第一次升空成功了以后，大家觉得有一种新的飞行器了。可是很快它的问题就暴露了。气球载人升空就是靠一个篮子，等于是露天的环境，人不论穿得多暖，升到3 000米高空的时候，已经冻得鼻青脸肿，耳朵都要掉下来了。再往上升，到了6 000米的时候，就开始出现缺氧，会有生命危险。1875年，有一个气球载人升空，那次飞得太高了，飞到1万米的高空，下来的时候很悲惨：三位乘坐这个气球升空的飞行员，两位牺牲了，另一位也是奄奄一息。所以必须得给它设计一个封闭的环境，这就成了后来人们致力研究的一个范畴。

乘坐飞艇

飞行中的飞艇

飞艇上的乘客

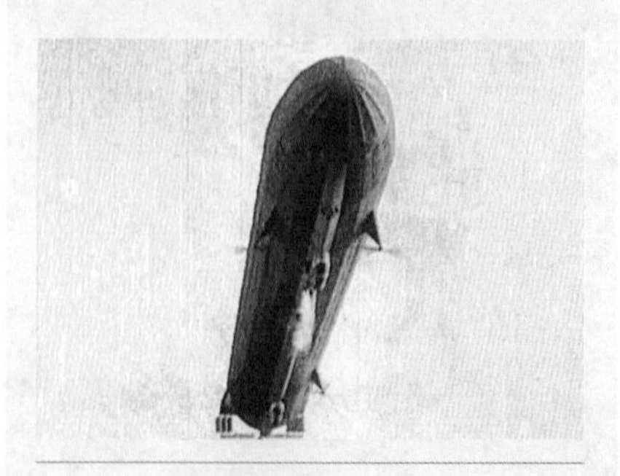
行驶中的飞艇

气球发展到一定的时候人们就发现，其受到气候的影响太大了。人们就想给它装上动力，这和当时的形势也是有关的，一是发明了蒸汽机，后来又有了电动机；汽车领域，本茨和戴姆勒的汽油发动机也问世了。这些东西都为飞艇安装动力提供了有利的条件。另外，给飞艇上装上了舵面，可以操纵它的升降和飞行方向。

飞艇着陆

大家都非常清楚或者都非常熟悉的是齐伯林的飞艇，但是真正世界上第一艘飞艇并不是齐伯林造的，而是1851年一个叫亨利·吉法德的人，他设计生产了一艘大的飞艇，长44米，直径12米，相当于半个标准游泳池那么大，而且它成功地从巴黎起飞，到了另外一个乡村。这艘飞艇不像齐伯林那种是硬壳的汽艇，它是一艘软汽艇。像这样的事例很多，被历史记录下来的成功者往往不是唯一的成功者，在他之前可能还有很多人做过几乎相同的事情。还有一个气球载人成功的例子，是在1731年。俄国的一个小城有一个书记官，他做了一个气球，在这个气球底下拴了个绳套，当时书上也没有说清楚他用什么气体去充气，只是说一种味道很难闻的气体，然后升空就成功了。球带着他越过树顶，结果一下子撞到了一个钟楼上，

制造中的飞艇

制造飞艇的材料

飞艇出库

还好他当时一下子抓住了打钟的绳子，才没有出事，虽然比较狼狈，但是这个气球载人升空还是应该算成功了。但是，那种味道难闻的气体会是什么？1766年，化学家卡文迪什才发现了氢气，而这件事情发生在1731年，比氢气的发现早30多年。他用的是氢气吗？还是什么别的其他的气体？这就是一个谜。氢气对整个飞艇的发展起了非常大的作用，但是氢气也几乎毁了飞艇。

接下来气球几乎用的都是氦气了，这个氦气使得整个的飞艇也好，气球也好，都变得非常安全。

开头谈论的那个庞然大物肯定也是装氦气的。其实用它来运货，或者装卸真的是一个挺好的主意，而且也不是不可能的。也门有一个港口，就是用气球来卸货的，他们管这个叫“飞行起重机”。在这个气球里面充入氦气，然后用导向钢锁一端连在海岸边的钢架上。运输的速度还不慢，每小时时速50—60千米。而且它不受限制，在任何类型

乘客俯瞰地面

飞艇上的调酒师

城市上空的飞艇

的港口都可以用。它非常安全，非常经济，因为它制造起来并不复杂，而且不会像港口上的那些起重机或者机械运输工具，需要反复地进行机械维修。

飞艇的部件

很多事情的发展都是这样，有的时候它被历史遗忘；有的时候好像重新被拾起来，可能飞艇也是这样。现在，在某些领域已经重新体现出它的优势。像刚才说的码头装卸，甚至载人的飞艇运输，短程的也已经有了。香港到澳门就有这种观光的飞艇，而且也可以作为两地之间的交通工具。

飞艇驾驶员

（费燕）

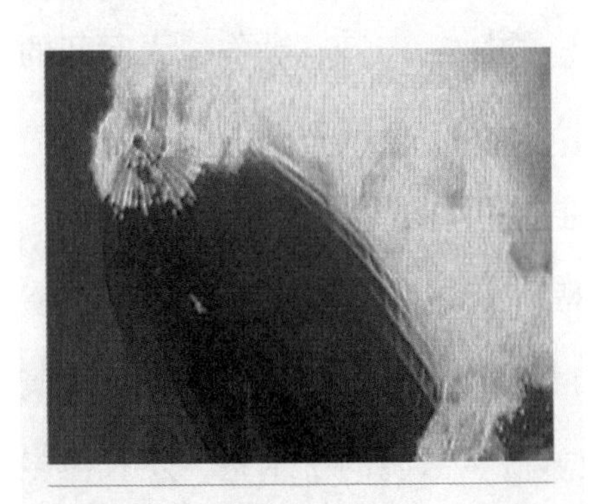

燃烧的飞艇

NO.22 红绿灯

最早的指挥灯用煤气

信号，是用来传递消息或命令的光、电波、声音、动作。人际间的交流离不开信号，在公共场合更需要用最简单、最醒目的，能使不同语言、不同民族的人们一目了然的信号来维护共同的约定。

一般演播室外面，开始录像就会亮一个红灯，上面写着“正在演播”。其实不经意当中，身边有很多地方都用到了信号灯、信号指示。演播室肯定是一个特殊的环境，剧院、电影院、医院的手术室，还有很多工作场所，尤其是交通领域，每天都要过十字路口，看红绿灯，天天见到信号灯。信号灯其实是一种语言，而且是一种世界语。设计一个信号不难，也就是一种约定，但是不论你说什么语言，不论你有什么样的学历，大家一看就明白，这个倒是不容易。

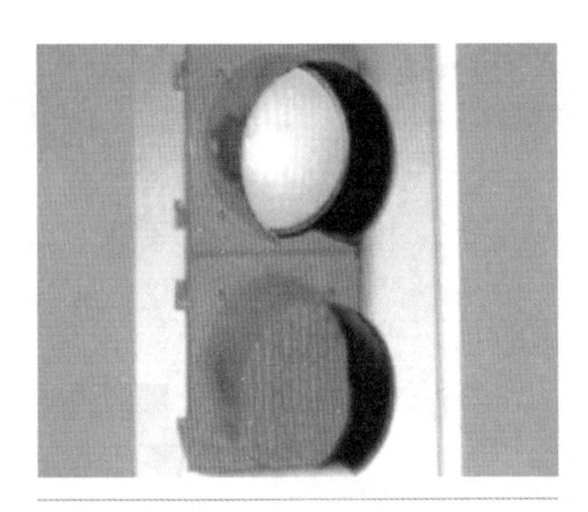
有了红绿两种颜色

最近，网上有一个评选，评选20世纪的十项人机界面装置，其中包括：方向盘、按键式电话、遥控器，还有红绿灯。它们有一个共同的特点，是建立了一种人与机器之间的沟通，像对话似的，大家配合完成对一件事情的操作。人机界面，人和机器之间的一个人机对话。最近几年，至少在北京，红绿灯起到了很大的作用。过去没有这么多人、没有这么多车，但是如果是在一个热闹的路口，也要有先来后到，才能做到真的礼让，才能不打架。这是件挺奇怪的事，过去人们是怎么做的？怎么受到启发出现了红绿灯？还有，红绿灯为什么用这几种颜色？肯定也是有说法的。

第一盏三色灯

“指挥”树

世界上第一个城市交通信号灯

是1868年12月10日在伦敦议会大厦的广场上诞生的，因为在广场上经常发生马车相撞的事故，人们需要一种提示来协调谁先行谁后走，当时用的是一盏煤气灯，靠煤气燃烧时发出的光指挥过往的马车。

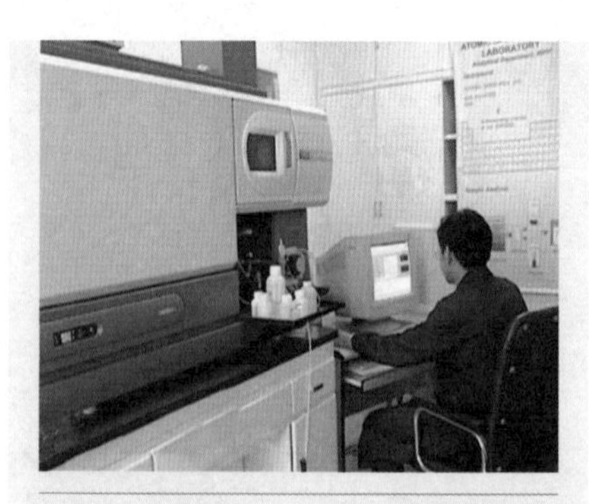

光波的波长对人的视觉有影响

从那以后信号灯家族就开始发展、壮大。1914年在美国开始使用红绿两色的电气信号灯；1918年，第一盏名副其实的红、绿、黄三色交通信号灯诞生，信号灯的应用使城市交通状况大为改善，各国纷纷仿效。到现在全世界几乎所有的道路交通指挥都用这种红绿黄三色信号灯。

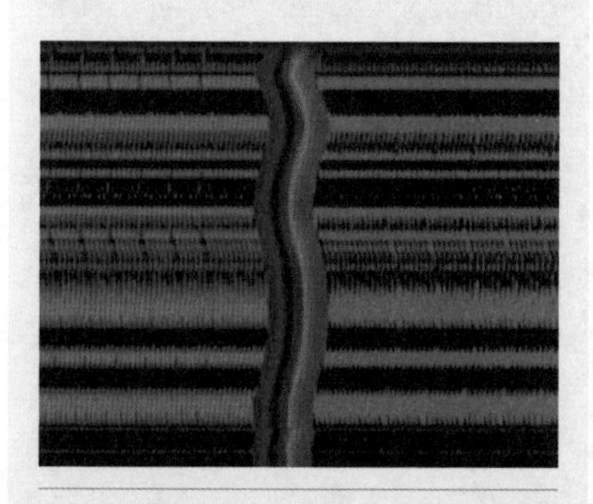

不同的波长一

红绿黄，各司其职；虽然我们不能确定当初它们被分工时的标准和原则，但这三种颜色对人的视觉产生的影响倒很符合它们各自的职责。

颜色是我们的眼睛对各种不同光线的感觉；光线是由一些微小的、直接用眼睛看不到的波组成，每一种波都有特定的波长，通过光谱仪

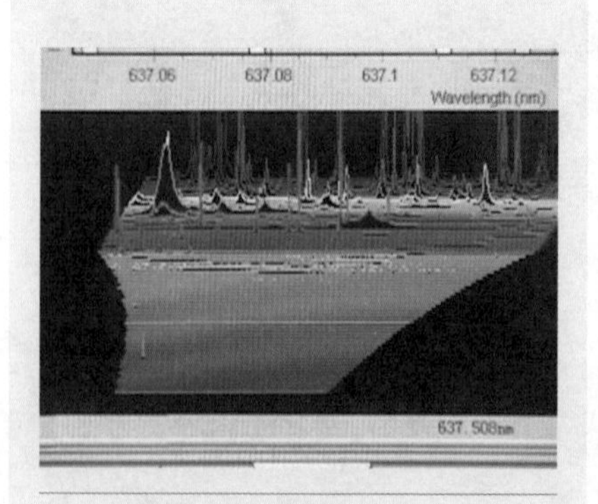

不同的波长二

我们可以看到，在红橙黄绿蓝靛紫这七色光中，红色的光波是最长的，对人的视觉刺激最强，因此它一般用于禁止、警示；黄色用于提醒；绿色的光波带给人们的是安静、舒适。不论信号灯的外表和安装形式有什么不同，红绿黄这三种颜色始终没有改变，信号灯用自己独有的色彩语言，协调着南来北往的行人和车辆。

为什么当初定了这两个颜色，红和绿？要有信号灯这是大家都肯定的，但究竟用什么颜色没法统一。那时英国有一个传教士，他提出按风俗习惯，找一个适当的风俗习惯来定。刚好在英国的约克城，那个地方有一个习俗，妇女有两种色调的衣服，红和绿，分别代表她们不同的婚姻状况。穿红就是已婚，告诉男人们不要再追求了，停！穿绿正好相反，男人可以追求她。后来他们就想干脆借这两个颜色当信号灯吧，红灯停、绿灯行，就这么用上了。而且当时的信号灯还是煤气灯，煤气灯没有颜色，就找两块玻璃，一块红玻璃、一块绿玻璃，轮流挡在前面改变颜色。但是煤气灯还是有危险，这个灯只存在了23天就突然爆炸了，一位值班的巡逻警察，因为这个灯爆炸送了命，后来再也没有人用这样的信号灯了。

也有一种说法，公路上的信号灯是受铁路信号灯的启发。最早的时候，交通指挥灯是红绿两种颜色，中间为什么又加了一个黄色，这还牵涉到一个中国人。这个人叫胡汝鼎，在20世纪20年代，他在美国学习，有一次他在看到已经是红灯时，突然一辆右转弯的汽车，在他面前呼啸而过，把胡先生吓了一跳，于是他

“指挥”交通

智能交通系统一

就想最好在红灯和绿灯中间加一个黄色的灯，他这个设想很快被政府接受了，推广到全世界，海陆空都广泛使用这种信号灯。说来挺巧的，正好是一个黄种人想到的主意，用一个黄色的灯。

美国夏威夷大学有一个心理学家，研究红绿灯、信号灯时有一个发现，他说红绿灯，就是十字路口这个区域是人的一个“心理动力区”。他观察、采访调查了一些人，得到这些结论：开车的人谁都不愿意看到红灯，因为他觉得刹车和油门这两样是和人的潜在的自尊心连在一起的，好像看见红灯停下来有点伤自尊心，另外黄灯也会给人带来一种心理，要暗暗加速，一种挺紧张的状态。

一些司机被问到在红黄绿这三种颜色中，你最紧张的是什么颜色？他们连考虑都不考虑就回答，是黄灯。因为如果绿灯转为黄灯，我总想再加一脚油门冲过去，而红灯转为黄灯的时候，我也会想是否马上就要加油门做往前冲的准备，这时就会感觉紧张。绿灯放心地往前走，红灯一定得停，信号灯毕竟是控制行车时的状态，肯定会对人的心理有些影响，但是对心理上的影响还是次要的。它对道路的交通管理作用是不可估量的；要不然人也没法走，车也没法走。

出行的人们都希望畅通无阻，这个想法与智能交通管理系统不谋而合。智能交通指挥系统就是在交通管理中运用科学技术手段，统一协调、指挥在路上行驶的车辆。各种监视器、检测器，辅助部门相互支持，在这当中信号灯相当于一个终端。智能交通系统虽然庞大、复杂，但对于我们来说，它的直接体现就是驾车行驶在路上遇到的绿灯次数要远远多于遇上的红灯；要实现这个目标靠的是“绿波带技术”，那么什么是“绿波带技术”呢？

“绿波交通控制”是指多路口的一种协调控制方案，这个控制方案要计算车辆从一个路口到下一个路口大致需要运行多长时间，当车辆通过第一个路口的时候，经过这么长的时间到达下一个路口，正好协调控制信号灯变为绿灯，这样我们通过下一个路口不需要停车，就能很顺利地通过。如果我们连续把多个交叉路口进行这种绿波控制，就可以在多个路口上享受不停车的通行。

智能交通系统二

北京的平安大街，从十条桥到官园桥之间现在共有19处信号灯，如果多走几趟你就会发现，一般是每过3个绿灯才会碰上1次红灯。如果绿波带技术运用得好，可以达到每过6个绿灯路口遇到1次红灯；绿波带技术的实现要靠准确的车辆流量信息；埋设在地面下的环形线圈检测器，通过线圈与车底底盘铁磁材料产生的感应，精确地记录下每一辆通行的车辆在路口停留的时间，信号机会收集、整理这些检测到的车辆通行数据，按照交通流量的规律，决定先放行哪个方向的车辆以及放行时间的长短。在没有红绿灯的快速路上，有微波检测站，设置了一道道无形的微波门槛，自动清点所有越过这道门槛的车辆。整个智能指挥系统像一个完整的有机体，所有收集到的信息被传送到交通指挥控制中心的计算机系统，当然汇集来的信息

智能交通系统三

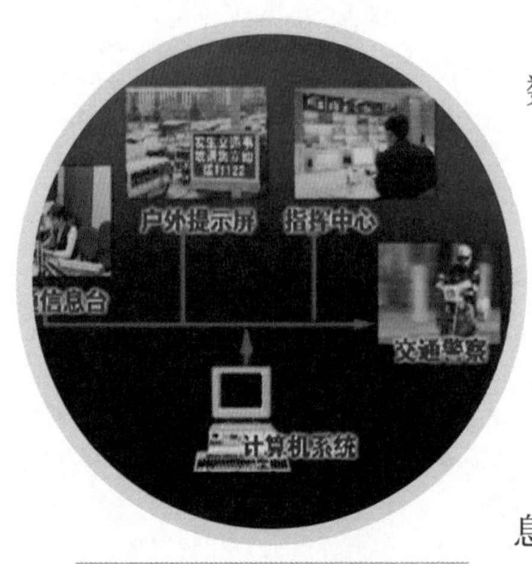

智能交通系统四

数量似天文数据，计算机系统集体上阵，对它们实施集成综合处理，使它们成为交通指挥控制的重要资源。

信息中心会根据不同的需要为交通决策者、交通管理者和交通参与者提供各种信息服务，在这套交通管理地理信息系统上，同时显示着各个路口红绿灯的变换情况，每条路上的交通流量、巡逻车的位置、各种信息都被综合整理在这个系统中，交通指挥者在电视大屏幕前就可以全面了解到交通运行情况。

整个信号灯的发展过程就是要让车辆行驶在路上尽可能少地遇到红灯。随着科技水平的不断进步，新的技术、新的手段随时被用到交通指挥管理当中。当然现在的交通状况还不能让人满意，甚至还是一个严重的话题，人与信号灯的对话还远远没有结束。

城市交通现在是整个城市发展的大课题，解决的办法不外这么几个：一个是多修道路，但要牵涉资金问题，在这么有限的地方也修不了多少；第二是控制车辆的增加；第三是智能化的交通管理。有位公安大学管理系的老师说过，现在虽然大家看到的红绿灯还是与原来没什么不同，就是这3个颜色，但实际上它已经发展成了一个非常大的智能信号管理体系；虽然在表面上看还是原来的样子，但实际上已经发生了革命性的变化。现在智能化的交通指挥在国内外

智能交通系统五

都是一个非常新的学科，可以把它总结为三句话：第一，各个地方都要有传感器，就是一些探头，要统一传输，把这些信号都传输过来；第二，要放在计算机里集中处理，把这些信息集中处理，哪个地方堵塞，引导车从另外的地方走；第三，在指挥人员面前综合显示，人最后决定从哪个地方可以走得更快些，哪个地方封锁路面。这是未来交通发展的一个趋势。

（费燕）

NO.23 打字机

打字机

它曾给人类带来了书写的革命，它曾是办公室不可或缺的一种工具，但现在它正逐渐被另一种工具所取代，它就是打字机。

在若干年前，上小学的时候，写毛笔字是一门必修课。那个时候小学生经常背着一瓶很难闻的墨汁去上学，和同学打闹的时候，墨汁溅出来，弄到衣服上，回家少不了挨顿骂。可现在，写毛笔字已经成了兴趣班的事了。

中国人本来是喜欢拿动物毛做成的软软的毛笔写字，像王羲之的

《兰亭序》，据说是用老鼠的胡须做的。而西方人则喜欢用鹅毛做的笔书写。然而，真正改变人们书写观念的是打字机的到来。但是，世界上第一台打字机究竟是由谁在何时何地发明，各种说法不尽相同。

主持人与专家

一种说法是，在18世纪初发明的。据说在1714年，英国安妮女王为一个名叫亨利·米尔的工程师的发明颁发了一份专利证书。证书上说：“……用它可以把字母单个或连续地打印出来，就像在书写一样。不管什么样的作品都能整齐而准确地打印在纸上或羊皮纸上，跟印刷的没有区别。”

但是，米尔的打字机并没有很快推广。这可能是因为18世纪的人们仍然习惯于使用笔录的方法，并不急需打字机。而且，关于米尔的发明，没有图纸也没有模型留存下来，所以没有人知道它的模样。即便这样，大多数的人还是认为米尔是“打字机之父”。

19世纪，办公室里的职员用手费劲地写着各种东西，像订货单、发货清单、商务函件和报表等，全都是用笔蘸墨水写成的。许多人试图发明一种能使这个工作变得容易、快速并且更为有效的机器。一个名叫邵尔斯的美国人由于一连串的奇遇和巧合，使自己成了这项专利的持有人。

打字机

据说，当时他的妻子在一家公司当秘书。工作太忙，她经常将做

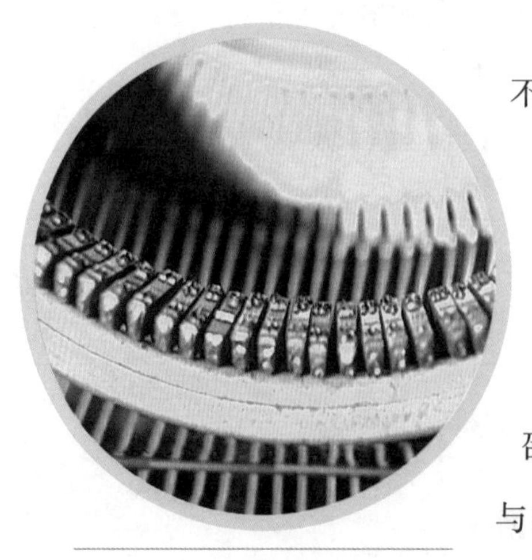

铅印打字机

不完的工作带回家，连夜赶写材料，非常辛苦。邵尔斯怕把妻子累坏了，就帮助她一起抄写，经常要写到很晚，而且两人往往都写得手酸臂疼。于是，邵尔斯开始有了发明写字机器的想法。最初，邵尔斯打听到一位老技工叫白吉纳，他曾与自己的一位朋友研究过写字机器，于是邵尔斯就去找白吉纳。白吉纳很喜欢邵尔斯的认真劲儿，就把他和那位已经去世的朋友一起研究了十几年却没有成功的写字机的模型送给了邵尔斯。邵尔斯把这些写字机雏形的机件搬回了家后，开始了艰苦的研究工作。经过4年的努力，终于在1867年冬天，邵尔斯发明出了世界上第一台打字机。

一首让人感动的爱情曲催生出了第一台机械式打字机。从此，这种打字机改变了人们的办公状态。不知你是否发现，从某种角度看，它更像一架钢琴。当手指敲打键盘，带动连动杆击打色带，将规范工整的字打在纸上，就像敲击钢琴琴键产生了音乐似的，文字也如同乐曲一样极富节奏感地从指间流淌出来，办公室那纷乱繁杂的书写事务，也因此变得轻松愉快起来，这也许是邵尔斯始料未及的。

打字机的色带

摆脱了只能用笔书写的历史，人们终于走入了书写机械化时代。用手敲击键盘时，带给人们更多的是愉快的心情。可是谁又能知道，当初邵尔斯设计打字键盘的时候可是伤透

dvorak键盘一

qwerty键盘二

电动打字机

了脑筋。据说有一天，邵尔斯在打字时发现，当他每按下一个按键时，机器都会发出“咔嚓、咔嚓”的声音。邵尔斯意识到这将是制约快速打字的问题。他发现问题原来就出在键盘上。按照常规，邵尔斯把26个英文字母，按顺序排列在键盘上，ABCD，然后是EFG。为了使打出的字迹一个挨着一个，这些按键不能相距太远。打字的时候，只要手指的动作稍快，按键连着的金属杆就会发生相互干涉现象。

邵尔斯找来一本字典，粗略地统计了英语中哪些是最常用的字母，然后重新安排了字母键的位置。他把所有常用字母之间的距离，都排得尽可能远一些，让手指移动的过程尽量延长。反常的思维方法竟然取得了成功。手指、按键、金属杆有条有理地连续运动。邵尔斯激动地打出了一行字母，如同印刷字体一样精美：“第一个祝福，献给所有的男士，特别地，献给所有的女士！”

邵尔斯“特别地”把他的发明

电子打字机

奉献给妇女，他可能想到，要为她们开创一种亘古未有的新职业——“打字员”。而邵尔斯发明的这种键盘，也从1860年一直沿用至今。

其实，邵尔斯发明的键盘实在不方便，它的字母排列方式缺点太多。例如，英文中10个最常用的字母就有8个离规定的手指位置太远，不利于提高打字速度。此外，键盘上需要用左手打入的字母排放过多，但一般人都是“右撇子”，英语里也只有3 000来个单词能用左手打，所以用起来十分别扭。据说有人曾经作过统计，使用QWERTY键盘，一个熟练的打字员8小时内手指移动的距离长达25.7千米，一天下来疲惫不堪。

也许是人们的习惯成自然，QWERTY键盘今天仍牢牢占据着计算机的输入领域，虽然有人早就设计出更科学的键位排列，却始终成不了气候。现代计算机键盘根本不存在金属棒之类的累赘，这当然是“邵尔斯们”始料不及的事。

1930年，奥格斯特·多冉柯发明了一种更优越的DVORAK键盘系统，将9个最常用的字母放在键盘中列。这种设计使打字者手指不离键就能打至少3 000多个字。而QWERTY只能做到50个字。但由于当时正逢二次世界大战，作战物资缺乏，这种新键盘还没问市就停产了。

当人们“悠闲”地坐在一架小机器前，不再用笔就能写字，而且写得更快，写得更好。当“打”代替了“写”的时候，每个人都能“打”出最标准的印刷字体。高效率、高质量制作文稿、资料、信件、公函的机械打字机，是人类文字处理机械化最典型的代表，它戏剧般地催生了新的职业、新的学校和新的比赛。

那时候，美国的报纸曾记载过许多有关打字的趣事。1875年，纽约一家报纸刊登了世界上最早的打字员招聘广告，非常诱人地声明每周工资20美元，相当于女售货员一周工资的3倍。

1888年，在美国举办了世界上最早的打字比赛，速记员马加林领走了500美元奖金。他的表演令观众大开眼界，人们第一次看到“盲打”的威力：马加林能够不看键盘，双手并用飞快地击键。类似的打字公开赛，后来经常在全球各地举行。打字机制造商们抓住时机，推波助澜，不断改进和生产出性能更良好的机器，有台式的、便携的、手提的、电动的，林林总总，不一而足。

随着邵尔斯打字机的普及运用，它逐渐成为人们生活中一种不可或缺的办公用具。但是它的打字速度仍然是制约办公节奏的一个因素，于是人们在原有的技术上对它进行改进，从而诞生了电动打字机。电动打字机与邵尔斯打字机不同的是，打击色带的杠杆被这种依靠电力转动的金属球状物所代替。打字时，金属球状物就会转动起来，然后把所打字的相应字符印在纸上。可是人们还是不满足于它的打字速度，经过研究又发明出了电脑打字机。当把一段文字输入到这种打字机中，并按下回车键，它就通过电脑程序控制，在纸上输出相应的内容。现在，大多数办公室已经告别了打字机时代，而用电脑打字已经成为人们的一种习惯了。但无论怎样，打字机对于推动文字书写机械化有着不可磨灭的贡献。

林语堂

明快打字机

另外，值得一提的是英文打字机传播开来之后，也引出了中文打字机的发明。你也许想不到，在1947年，由大文学家林语堂发明出了一台中文打字机。这台被取名为“明快打字机”的机器，采用了汉字的“上下形检字法”，花费了林语堂几十年的心血，终于研制成功。林语堂希望把自己的发明成果投入生产，但是由于当时国内战乱不断，没有商人愿意投资这项发明，所以没有推广开来。我们后来见到的中文打字机大都是从国外引入的。由于汉字复杂，字模较多，所以中文打字机比较笨重。一般由专业人员打蜡纸，再用在印刷上，很少有人用它来打便条。

各种类型的打字机不断出现，极大地方便了人们的生活。可以说机械打字机对于文字书写的影响是极其深刻的。在西方国家，特别是拉丁文字圈的发达国家，一百多年的大普及，打字机最终使得西方人用笔书写的动作仅仅保留在了签字的场合。

如果说，文字本身的变革以及笔墨纸砚的创新，是人类发动的第一次书写革命，那么打字机的大普及，奏响了人类社会第二次书写革命进程中最强的音符，它成功地“攻占”了“笔家族”的世袭领地。

铅字打字机

关于打字机的诞生，曾被西方历史学家称为是“人类文化史上继造纸术和印刷术之后的第三项文化工具的发明”。把打字机与我国的两大书写发明并列，在中国人的眼里似乎不可思议，但它给拼音字“打”出了“书写革命”的“福音书”。

可以这样说，打字机改变了人们以往人工用笔书写的观念，使人们在书写领域也走进了机械工业化时代。它适应了快节奏的社会发展的需求。但是，从另一方面来说，打字机的出现，也使得书写文化的普及率下降。

NO.24 旱冰鞋

穿着旱冰鞋的人

随着天气变暖和，穿着轮滑在大街小巷里来回穿梭的年轻人越来越多了。他们很多人戴着头盔、护具，踏着彩色轮滑，像燕子似地滑行，特酷！

可是，现在的这种轮滑在它的发明之初并不是那么漂亮，也没有那么酷。轮滑，也叫旱冰。说起轮滑运动的起源，最早可以追溯到公元18世纪时荷兰的一位不知名的滑冰运动员。据有关资料记载，这位运动员为了在不结冰的季节继续进行训练，尝试把木线轴安在皮鞋下，在平坦的地面上滑行，就像穿上带冰刀的冰鞋滑冰那样，于是创造了用轮子鞋“滑冰”的历史，但当时他的样子肯定是怪怪的。

主持人与嘉宾

18世纪中叶，一位叫莫林的比利时乐器制造商拼凑了一双旱冰鞋，穿着它出现在英国伦敦的一个化装舞会上，他做的旱冰鞋每只鞋只有两个轮子，像自行车一样，前面一个后面一个，但它既转不了弯也停不下来。据说，莫林被介绍给参加舞会的人，并在地板上一边滑一边拉小提琴。但令客人们和他自己惊恐的是，他根本停不下来，他撞在大厅墙上一面非常大而且非常昂贵的镜子上，撞碎了镜子，提琴也成碎片，莫林自己受了重伤。从这以后的四五十年里，没人再提旱冰鞋这件事了。

19世纪二三十年代，出现了一些旱冰鞋的专利。这些发明试图增加旱冰鞋的控制功能和灵活性，有的设计了3个轮子的冰鞋，也有的为了防止往后滑，采用了棘齿轮的设计。到了19世纪50年代，英国伦敦开了两个简易旱冰场，供有钱人娱乐，但旱冰鞋还不是一种普及的运动。

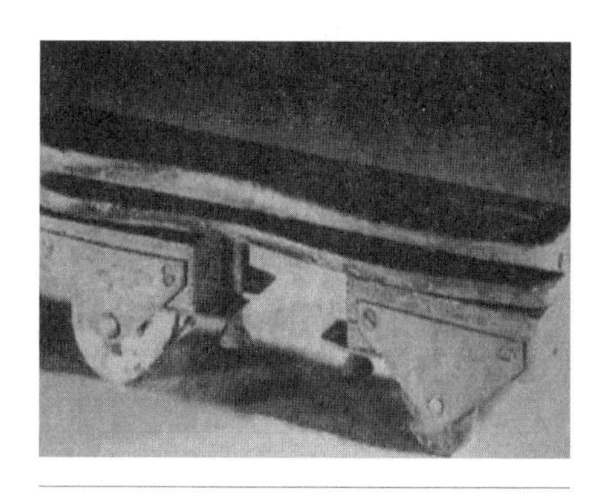
两套并列轮子的旱冰鞋

1863年，一位滑冰爱好者——普林普顿（Pulinputun）申请了一项有两套并列轮子的旱冰鞋专利。穿上这种鞋，可以用倾斜身体的办法实现转弯，而且任何方向都能转动自如，就像穿冰鞋在光滑的冰面上滑冰那样轻巧。这样，即使在温暖的季节里，他也能进行他喜爱的运动——滑冰，只不过是用旱冰鞋作为真正冰鞋的代用品。

普林普顿觉得他的旱冰鞋好用极了，就想到让别人也分享快乐，因此他决定发展旱冰鞋的生产。为了鼓励人们买他的旱冰鞋，普林普顿组织了纽约滑冰俱乐部，并花费10万美元在罗德岛的新港建造了一座旱冰场。1867年整个夏天，有钱人和爱冒险的人云集在新港的大西洋剧院旱冰场，试着穿上旱冰鞋在地板上打转、滑来滑去。普林普顿的旱冰鞋使滑旱冰变得容易了，比起以前的旱冰鞋来也更安全、更有趣。

19世纪60年代，另一位叫巴尼的滑冰爱好者感到冰鞋鞋带紧紧地绑在脚上很不舒服。为了把冰刀固定在旱冰鞋底上，巴尼发明了一个装上和取下冰刀的专用销子，并申请了专利。几年以后，巴尼的设计却被应用到了旱冰鞋上，它使旱冰鞋的滚轮牢牢地夹在鞋底上。

早期的溜冰场

穿着旱冰鞋的孩子们

双排轮滑鞋

到了1881年，又有一个改进旱冰鞋的重要发明。一位叫雷蒙德的人为他的发明申请了专利，取名为“雷蒙德伸缩冰鞋”。这个发明能调整旱冰鞋的大小，以便于装在各种尺寸的鞋上，适合小孩脚长得快的特点。

单排轮滑鞋

19世纪90年代，滑旱冰的运动风靡美国。而普林普顿的专利也于1880年到期，从此几乎所有的旱冰鞋生产厂商都使用普林普顿的筒式发明，尽管有各种不同的样式和功能，多数旱冰鞋都是为室内旱冰场设计的，有木轮、橡胶轮、金属轮或昂贵的象牙轮，安在木板或金属板上。这些室内旱冰成为“客厅”旱冰或“俱乐部”旱冰，而那个时代的旱冰场确实像乡村俱乐部。多数旱冰场都建在城镇较富裕的地区，有的旱冰场还有又硬又滑的大理石地板。能在星期六的下午滑旱冰或在星期天打场旱冰曲棍球，在当时就算相当时髦了。

随着轮滑运动在世界各地推广，轮滑鞋质量的好坏也成了这项运动的技术保障。现在，我们一般把轮滑鞋分为单排直列式轮滑鞋、双排轮滑鞋和其他形式的轮滑鞋。单排轮滑鞋又包括：休闲轮滑鞋、竞速轮滑鞋、特技轮滑鞋，等等。

休闲轮滑鞋强调舒适，鞋壳不能太软，否则有可能造成脚踝扭伤。竞速轮滑鞋为了减轻负载及充分发挥脚踝力量，鞋帮都比较矮，鞋身采用全皮。好的竞速轮滑鞋很多没有刹车头，有些像水冰鞋的冰刀。它的特点是重心较低，以便滑行中求稳，其竞速轮侧摩擦力较大，以便加速。技巧轮滑鞋多采用系带加扣式，这样在做特技时不容易因鞋扣松开而发生危险，底座也比休闲轮滑鞋低，以保持较低的重心，鞋壳比较坚硬，能提供安全防护，防止剧烈冲击。在旱冰鞋中技术含量最高的就是它的轮子。

普通轮滑鞋的轮子

因为有了轮滑鞋的发展，才使得轮滑这项运动在世界各地推广开来。我们常见的轮滑鞋主要由四个部位组成——外套、鞋架子、轮子和轴承。轮子分为休闲轮滑鞋的轮子、竞速轮滑鞋的轮子、特技轮滑鞋的轮子……有的要克服粗糙路面，因此轮子弹性好、比较软、比较大，但溜起来比较累。有的则比较硬，强调速度，它一般有56毫米和62毫米两种直径，小轮适于短距离冲刺，硬度较小；大轮则强调持续性，硬度较高。轮子的材料主要有三种：塑料、树脂和聚酯。塑料和树脂轮便宜些，但耐磨和耐热性稍差。像塑料轮子摩擦系数小，即使用好的轴承也滑不快，适合初学者。

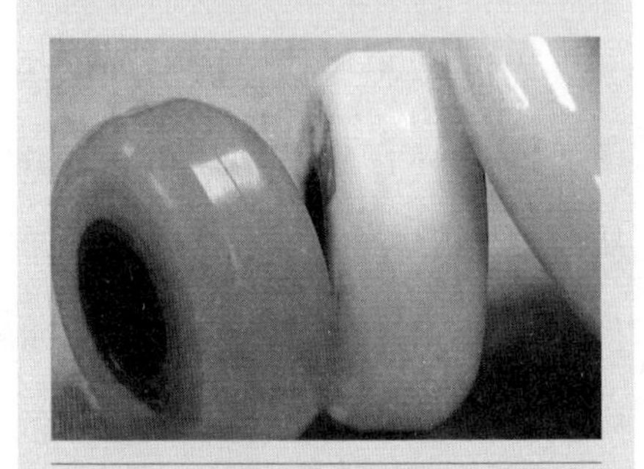
极限轮滑鞋的轮子

轮滑比赛中的选手

玩轮滑的孩子们

好轮子都采用聚酯材料，它能适应各种场地和状况。轮子中的轴承决定了鞋的灵活性，它的科技含量很高，好的轴承极为光滑。买鞋子的时候可以用手轻转轮子，轮子的转速要均匀，声响要细微明快，并且能持续很长时间，这才是好轴承。轮滑运动如同滑冰运动一样，分为速度轮滑、花样轮滑和轮滑球等。1924年，国际滚轮溜冰联合会成立了，1952年，它又正式改名为国际轮滑联合会，目前它的总部设在西班牙的巴塞罗那。现在国际上每年都举行轮滑比赛。

在1940年，奥林匹克委员会还正式承认轮滑为比赛项目，从此轮滑运动在世界各地得到广泛的开展，尤其是在欧美各国更加普及。1980年9月，国际轮滑联合会正式接纳中华人民共和国轮滑协会为该联合会的会员。

随着轮滑运动的发展、滑冰爱好者的增加，许多年轻人喜欢在设置有多种障碍的轮滑场上，展示自己的勇气与技巧。

轮滑因为其高技巧性和观赏性，在经历了长期的发展后，不仅成了比赛的项目，而且单排轮滑还成为极限运动街头赛的重要项目之一。无数的极限发烧友们为之疯狂。轮滑可以让你享受潇洒与速度，它可以跳舞、做有氧活动，还可以用自己的方式来表现自我。

轮滑甚至可以玩棒球，创造一些新的玩法，或将一些已有玩法组合起来，它是一种没有限制和止境的享受。轮滑运动具有较强的趣味性，其中速度轮滑充分体现了速度和力量的结合，而花样轮滑则是在音乐伴奏下，把跳跃、旋转和步法与优美的舞蹈动作有机地结合在一起进行

跳跃障碍

表演，给人以美的享受。轮滑运动是一项有益于人们身体健康的体育项目，对场地、器材要求不高，只要有轮滑鞋和一块平整的水泥地面或柏油路面，就可以开展。

经常参加轮滑运动，对改善人的心肺功能、增强四肢和躯干的肌肉力量、提高身体的协调性和平衡能力，有着积极的作用。

这是培养和锻炼青少年身心健康的一项有益的体育运动。它对培养机敏、顽强的品质有良好的影响，既可以丰富人们的业余生活，又能陶冶人们的情操。

（姜丹）

NO.25 特殊的眼睛

孩子们在滑冰

一辆摩托车在路面上飞速行驶。一架先进的摄像机能使拍摄这一令人惊叹的一幕成为现实。通过这装在滚轴溜冰者脚跟上的微型摄像机，你可以和溜冰者一同感受风驰电掣的感觉，这就是一项新科技成果。另一种先进的摄像机可以使我们的视线冲出狭小的窗口俯视周围的建筑。

这些画面看得人真过瘾，有好多拍摄角度真是很“刁钻”，比如那种快速滑行的镜头，在天空飞翔的镜头，简直就像梦里看到的情景一样。

梦想也能促进一个行业的发展，比如航空。航空发展中，中国古代有一种非常伟大的，叫做航空梦想，咱们说的嫦娥奔月，天女散花，常有书里记载着衣袂飘飘，御风而行等等。这种梦境，怎么把它变成现实？其实也要靠特技摄影的办法。

很多镜头都是通过遥控摄影完成的。一个人飞到天空上去，他带着遥控摄影机，然后在飞行中他所经历的一切，都可以带回到地面，让我们也能够看到这个画面。现在这个遥控摄影机使用挺普遍的。特别是在户外，有很多游戏和冒险的活动或者节目，比如说，一个节目让一个人去攀爬很高的铁塔，在爬的过程当中，不可能有人伴随他扛着一个摄像机跟着他一块爬上去，空间不允许，技术上也不允许。

如果是在地面拍他的话，爬到很高地方只能看到一个小点，他爬上去以后，他的表情，他是不是出汗了，是不是吓得流泪了，或者他是不是因为紧张、风吹而肌肉感觉有点抽搐……所有这些细节都不可能看到。但是给他带了一个微型摄

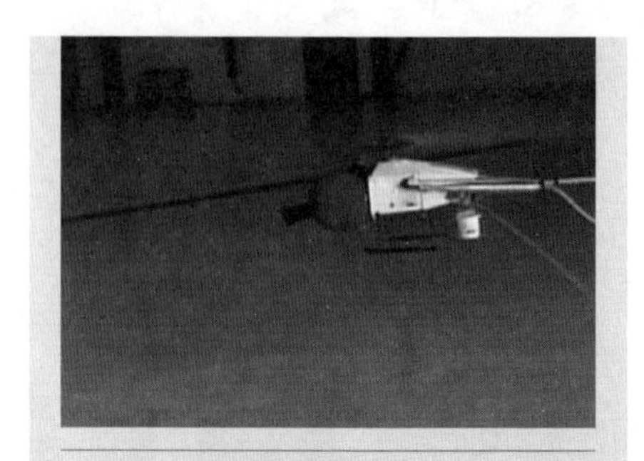

微型遥控摄像机

遥控器

无线摄像机

用无线摄像机拍摄

像机，这个摄像机的镜头就这样伸到他的脸前，他带在头上固定住，于是攀爬过程当中所有的细节，包括他眨多少次眼，我们都看得清清楚楚，他急促的呼吸都能够记录下来。

有一种跳伞时候使用的，叫头盔摄影机。几个人一块跳，跳的时候也是遥控，把摄影机打开了，一个人拍摄另一个人，就有点刚才那几个字描述的感觉——衣袂飘飘，御风而行，漂亮极了。

电影制作人正在利用这种新式摄像机拍摄从上急驰而下的视觉效果，如同飞翔一般，还可以从以前不可能的视角由内向外观察，而所有这些惊人的景象都是由一架微型无线电遥控平台完成的。为了获得鸟瞰的镜头，发明家采用了一种装在直升机模型上的摄像机，这种被称为“飞翔”的摄像机，可以在各种复杂的飞翔中传送图像。如果要拍摄低角度的特写镜头怎么办呢？为此设计师马克·森陶斯基设计了名为无线摄像机的系统，它被安置在一个38厘米高的平台上，可以每小时30多千米速度向下俯冲。

马克·森陶斯基说：“这是一个无线摄像车的模型，它比实际上的摄像车要小一些，可以通过无线遥控来操作。”

这个能贴近里面拍摄的摄像机之所以有这样清晰的镜头，主要依赖于其顶端透镜系统，这种改进过的镜头能使我们在观察的视角上有显著的变化，这一发明被称为创新视觉，就像那些低角度的画面所显示出的一样，那些透镜可以将目标拉近至4毫米，使我们不仅能接近目标，而且能清楚地看到它们。

计算机内部画面

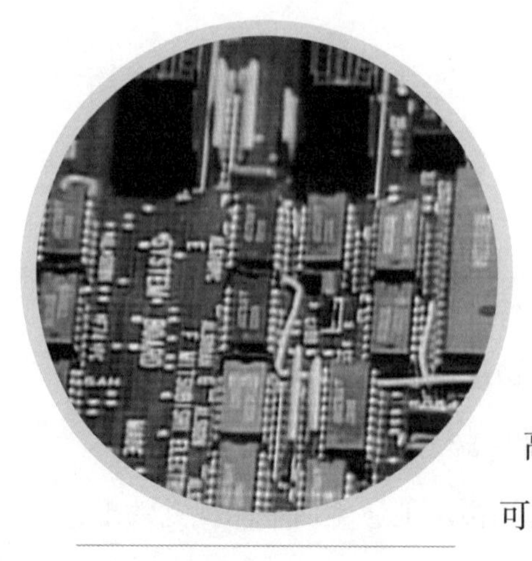

计算机线路板

这些距离极近的特写镜头，可以使人们更好地观察和欣赏我们通常看不到的地方和事物，我们的摄像机如同一座桥梁，把人们带入另一个世界，去看平时看不到的景象。这一探测的透镜可以与高分电力摄像机相连，缓慢地进入许多不可思议的地点。这样我们就可以从一个爬虫或一只小猫的视角观察世界了。创新视觉实际上起源于手术室，有些人体的肠内的影像就是通过微型的摄像机和光纤从病人身上得到的。

虽然计算机的外壳被去掉了，但我们仍然要面对如何让摄像机在狭小的空间中穿行。借助光道纤维，它可以解决照明与拍摄。

最近创造的沿线路板和布线飞行的视觉效果，令人惊叹不已。

机械师们可以将这一新科技和其他设备结合在一起，创造出更加新奇的视觉效果来。现在我们看到，创新视觉摄像机被固定在一个架杆上，这样坐在卡车后部的摄像师就可以自如地将摄像机对准任何方向。从普通的视角看去，一辆摩托车并不怎么引人注目。但是很近的拍摄，则让人感到充满戏剧性和危险性。广告导演们正在利用这项新科技来更加吸引观众。

创新视角摄像机

观众们都是很有经验的。现在市场上充斥着太多大手笔的动作片，所以我们要努力创造出更多的比这些动作片的任何图像更新的视角，能够

摩托车摄像头

拍出更好的运动画面，使这些画面更具有活力。

观众不再只是一些被动的旁观者，他们正不知不觉地参加到这些逼真的行驶中来。

有人把拍摄装置固定在摩托车的前轮或把手上，甚至是驾驶员的脸上。

通过这些神奇视觉的创造者，创造出各种令人惊叹的画面，观众可以领略到世界上许多神奇的东西，但记住，这些都来源于那些意想不到的拍摄角度。

主持人与专家

通过遥控技术拍摄下来的画面，确实把我们的视角拓展了特别多的新鲜的角度，很多原来我们觉得根本不可能实现的看世界的眼光，现在都已经可以通过这样的技术实现了。

缆绳摄影拍摄平台

这种摄影技术也引进了其他行业很多技术，比如电子技术、自动控制技术，在这些技术的支持下，才使这种特殊的摄影变为现实。

我们能够看到的画面，或者拍

摄者能够去实际操作的拍摄角度，真的是越来越多，像刚才我们提到的那个头盔摄像机，还有微型的戴在脸上的小摄像机。

这个东西给我们带回来的画面，很多还是主观镜头，就是这个人眼睛里所看到的东西，用基本相似的角度记录下来。还有一种，现在叫缆绳摄影技术，他提供的是一个客观的拍摄角度，但是难度也相当高。无论是拍电视、电影，还是拍广告，这种技术都太重要了。

先进的摄影车体现在摄影师与升降车顶部快速运动的平台相结合，即使拍摄快速动作的镜头也会完美无瑕，不过传统的摄影机平台的固定范围需要更多的创新方法。改进后的装置叫缆绳摄影，就是一个可悬挂在缆绳任意位置上的移动摄影平台，发明人吉姆·罗敦南斯基深感需要这种装置，在他早期的职业生涯中，曾在斜坡上艰难地拍摄过滑雪者。

缆绳摄影就是把移动式摄影车悬挂在空中的缆绳上，而不是安装在卡车或地面轨道上，借助于缆绳摄影，可以飞跃河流和瀑布，飞过高山，穿过运动厂，到摄影车不能进入的地方、直升机不能飞行的低空，近距离拍摄人或动物。把轨道金属轮固定在缆绳上，这样摄影机平台在上面运动自如，由于液压机的动力，缆绳循环往复，不停地运动。说到缆绳，会使人联想到钢丝绳，摄影用的缆绳是由合成纤维制成的。

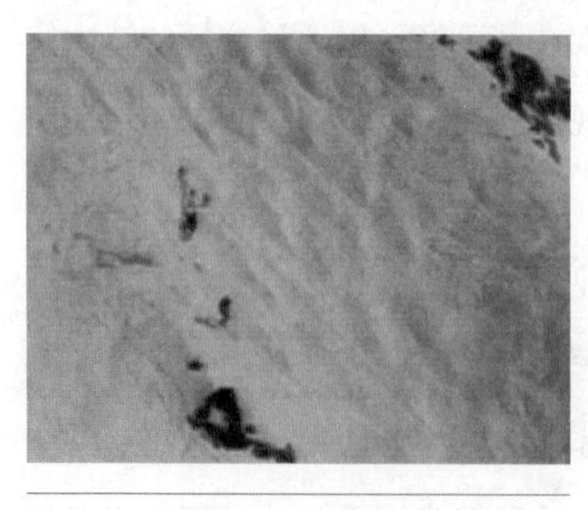

拍摄中的缆绳摄影机

缆绳可以称之为生死攸关的装置。它被称为救命缆绳的原因之一，是当你把1万～1.2万千克的力量放在上面时，无论是上升还是触摸，那感觉就像钢铁一样。半英里长的纤维缆绳重50磅，相比之下，钢铁绳的重量起码比纤维缆绳重10倍，而且无法移动，也无法安装，缆绳摄影装置可以覆盖半英里的距离，在瞬间加速到每小时96千米，摄影师可远距离在滑动架上操作。

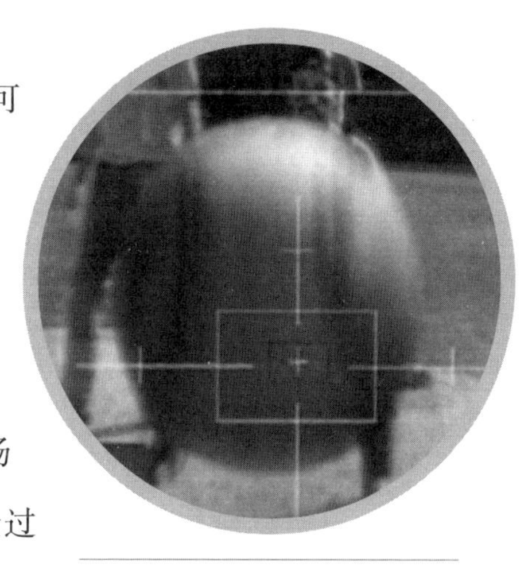

运动中的垒球

在一个电视广告片上，摄影师按照外影手的方向移动摄影平台。必须从外场开始拍，才能捕捉到球员投到本垒的全过程。投掷过程是在后期制造的，这样棒球就像火箭击中目标一样，飞到接球员的手套里。

在拍摄魔幻影片《三个愿望》时，利用缆绳摄影拍摄了许多射击镜头。

影片的高潮是小男孩飞跃过山车的一个场面。以前都是用直升机拍摄这种高角度的空中镜头，而直升机近距离拍摄又太危险，导演选择了缆绳摄影。缆绳摄影最大的特点就是运行快，速度惊人，可以说靠它改变了效果。小男孩飞行的镜头采用绿幕为背景，这类背景常常用于拍摄特类镜头。在后期制作中，把绿幕镜头用缆绳摄影拍摄组合起来，同时配电脑制作的烟花修饰，在最后的画面里，借助摄影机装置，特技组制作了小男孩自由自在在天空飞行的镜头。

（姜丹）

NO.26 有轨电车

有轨电车

20世纪40年代，当时中国的交通工具五花八门、多种多样，大到马车、小汽车，小到自行车、黄包车，但许多老百姓还是喜欢乘坐长一根“辫子”的有轨电车。这种有轨电车，车厢内的设施基本都是木制的：窗框是木制的，靠着窗放置的两条靠背长椅是木制的，垂直于车厢底部和平行于车厢顶部的扶手、拉手，无一例外都是木制的，就连车厢的地板也是木制的。面对面坐着的乘客们谈笑风生，站着的乘客们偶尔走动起来，地板会发出“嘎吱嘎吱”的声响。电车的下面，就是两条笔直延伸向远方的铁轨。

主持人与专家

今天，在我们的城市里充斥着各种汽车，方便快捷的交通工具让人几乎忘记脚是用来走路的了。循规蹈矩的有轨电车自然不再受到人们的重视，只是在有限的几个城市的角落里默默地存在着。而每当谈到有轨电车，似乎都只是记忆中的事了。

其实这记忆中的有轨电车还是有着辉煌的过去的。1832年，在美国纽约市的普林斯大街和著名的第14大街之间，一种在铁轨上行驶的新型马车出现了。这种舒适、快速的交通工具彻底改变了普通马车在大街小巷里横冲直撞的局面，一问世立刻受到纽约市民特别是上流社会的太太、小姐们的喜爱。此后20年间，欧洲各主要城市纷纷效仿，昔日的私家马车夫摇身一变成了有轨马车公司的职员。尤其是在像巴黎这样豪华的大都会，出门叫一辆有轨马车简直成了时尚绅士的一种身份的象征。

随着马车铁路规模的不断扩大，它的弊端也渐渐地暴露出来，且不说供应一辆客车需要喂养2至10匹马来轮换，光是收拾马在路上遗留的排泄物就增加了有轨马车公司大量的成本。所以，从1870年起，城市客运开始由畜力向机械牵引转换。首先使用的是蒸汽机车，但是它喷出的煤烟实在令人厌恶，几年以后便销声匿迹。1881年，世界上第一辆有轨电车在德国诞生，6年后，美

马车

国也制成了木制车体的同类电车，并于1888年开始运营，而世界上第一个投入商业运行的有轨电车系统就是美国弗吉尼亚州的里士满市。1888年，美国人斯波拉格在里士满用一根带触轮的集电杆和一条架空输电线接触，并以钢轨为另一极。他对在车辆的集电装置、控制系统、电动机的悬挂方法及驱动方式做了改进。

那时比较成功的有轨电车是用缆绳牵引的。1892年，缆绳牵引的有轨电车最早出现在坡路极多的旧金山。这种方法主要是在两条行车轨道之间预置的沟槽内铺设电缆，再用设置在坡顶上靠蒸汽运转的吊车来拉，司机可以操纵设在车辆上的握柄装置来控制正在移动的电缆，这样车辆便开始运行。有了良好的刹车装置使它相对于有轨马车实现了一次质的飞跃，也为乘客带来了前所未有的安全感。

在中国，1899年，德国人率先在当时北京的马家堡划出一条有轨

早期的有轨电车

改进后的有轨电车

有轨电车总站发车

线路——中国的城市交通开始与有轨电车结缘。1915年，在军阀混战的弥漫硝烟中，上海华界人士开通了从小东门到高昌庙的第一条华人有轨线路。在随后的年代里，天津、沈阳、哈尔滨、长春等城市都相继修建了有轨电车，在当时的城市公共交通中发挥了骨干作用。

现在的有轨电车

19世纪末，欧美各国不断改进电动机及转向架等主要设备，加上较大型电车的出现和长列编队电车的运营成功，推动了有轨电车的普及。

当时的电车因为要靠钢轨形成供电回路，必须在一条固定的路轨上行驶，在交通拥挤的地方显得很不方便。后来德国人西门子发明了无轨电车。1911年，世界上第一辆无轨电车在英国的布雷德福特市开始投入运营。

早期的无轨电车的式样很像轮式马车，车厢为木质结构，它的实心橡胶轮胎代替了路轨。这种车从车顶上的高架线获得电流，能左右移动一段距离。所以，无轨电车比有轨电车更灵活。但是，无轨电车一般不能超车。到20世纪30年代，无轨电车在世界各地得到了广泛应用。从此，无轨电车便逐渐取代了有轨电车。我国的无轨电车是1914年在上海开始使用的。

在20世纪初，电车曾十分风行。当时它运行速度快，载客量大，很适应城市交通需要。但后来，旧式电车行驶在道路中间，与其他车辆混合运行，又受路口红绿灯的控制，它的速度很慢，正点率低，而且噪声大，加减速性能较差。

地铁口

随着汽车工业的迅速发展，西方国家私人小汽车数量急骤增长，大量的汽车涌上街头，城市道路面积明显地不够用。汽车司机们希望有更多的空间驾车和停车。二战结束后，瑞士人便迫不及待地拆除电车轨道，建高楼修马路，并且引进了公交车。

20世纪下半叶以来，世界各国的城市区域逐渐扩大，城市人口也逐渐上升。由于流动人口以及道路车辆的增加，城市交通量呈急骤增长的态势，机动车辆增长尤快；城市道路的相对有限性带来了交通阻塞、车速下降、事故频繁等一系列问题。行车难、乘车难不仅成为市民工作和生活的一个突出问题，而且制约着城市经济的发展。另外，道路上汽车排放废气、噪声等，不但消耗了有限的能源，又给空气造成了严重污染，这些问题也愈来愈引起人们的重视。

欧洲许多城市近年来开始推行“无车运动”，每年都有一天成为无尾气日，街上不能开车，但可以骑自行车，使用轮滑或者滑板作交通工具。这项措施虽然给市民出行造成了一定影响，但一般人也都心甘情愿地接受。在第73届日内瓦国际车展开幕式上，联邦轮值主席库什潘为了迎合国际展商，声称没必要设“无车日”。结果第二天的报纸上立刻对这位主席口诛笔伐。为了鼓励市民安步当车，国际红十字会还在日内瓦设了好几个租车点，只需交少量押金就可以免

验票口

费租用自行车，既环保，又别有一番情趣。

地铁

但是人们还是需要便捷和快速的生活方式，于是很多人开始怀念起有轨电车。有轨电车可以取代部分燃油公共汽车，并能为乘客提供一种比公共汽车更优良的交通手段，又能减轻对环境的损害、节约宝贵的能源，正是现代社会迫切需要的“绿色”交通工具。

在这样的背景下，世界各国纷纷开始采用立体化的快速轨道交通来解决日益恶化的城市交通和污染问题。大城市逐步形成了目前以地下铁道为主体，多种轨道交通类型并存的现代城市轨道交通新格局。据日本地下铁道协会统计，到1999年，全世界已有115个城市建成了地下铁道，线路总长度超过了7 000千米。20世纪八九十年代，在经济可持续发展战略方针指导下，全世界又掀起了一种新型有轨电车——轻轨交通系统的建设高潮。据粗略统计，已有50个国家建有360条轻轨线路。

轻轨

人们生活中的地铁和轻轨其实也都是有轨电车的一种，只不过是因为轴重和转弯半径的大小造成了运客量的大小和速度的快慢。

简单地说，有轨电车与铁路的轨距都一样，铁路的铁轨重60千克，有轨电车则重50千克。有轨电车里面数地铁的轴重最大、轻轨次之、有轨最小，转弯半径的顺序也一样。转弯半径小就意味着坡度大、噪声要求高，起动时的制动参数也高，那么站与站之间的距离越短，它的速度也就越慢。这就是为什么地铁比轻轨快，而轻轨比传统的有轨电车快的原因了。

地铁无疑是其中最好的一种，但每千米以几亿元造价来计算，没有一定经济实力的城市是难以承担如此高的建设费用的。轻轨虽然没有地铁投入大，但造价也不小，加上城市空间限制，也不是最好的城市交通选择。而公共汽车则是一种污染比较严重的交通工具，城市空气污染很多是由汽车尾气造成的。

相比较而言，新型的有轨电车则是一种投资小、见效快的经济型交通工具。它没有污染，是“绿色”交通工具，因此越来越受青睐。与轻轨相比，有轨电车的投资比轻轨要低。与公共汽车比，同单位有轨电车的耗电费要远低于汽车汽油费，而其寿命可达50年，是公共汽车的近10倍！出于环保和经济两方面的原因，许多国家决定重新恢复有轨电车路线。

我国也有许多城市要推出新型有轨电车。据《北京日报》报道：北京市将在前门至永定门之间建起一条有轨电车线路，这一颇具怀旧意味的交通工具，最早可于年内重现京城。到时它将成为京城内一道亮丽的风景线。

据说新型有轨电车的轮子可以做成没有“胎”的弹性轮，将大大减少摩擦噪音，同时避震性能也将得到提高。新型轨道连接技术实现零轨缝，能将车轮与钢轨摩擦时发出的“叮当”声降至最小。而采用先进的混凝土板式整体道床可以形成各种车辆都能通行的混行路面。

新型有轨电车的外型设计为仿古型和现代型等，各车型均采用全数字直流调速系统、高效直流日光灯照明等一系列先进技术，并安装交流变频空调。

铺设轻轨

最近，日本还开发出了一种高性能充电电池驱动的有轨电车，一次充电可行驶15千米，一旦投入运营，不仅在市区不必架设电线，而且还可以节省能源。

（姜丹）

NO.27 胶底运动鞋的发明

现代运动鞋

橡胶底鞋在美国英语里边叫sneaker，这个词有两个意思，一个是指帆布面、橡胶底的运动鞋；另外一个是偷偷溜走的人，这可能就是说穿胶底的鞋走路很轻，偷偷溜走别人也不会注意吧。

草鞋是人类早期的鞋。中美洲和南美洲的土著人发现橡胶树里面渗出的胶液能够凝固，他们就用它来保护脚部不被石头或树枝刺伤。亚马孙河流域的印第安土著收集橡胶树的汁液，把它涂在脚上。这是一种类似蒲公英汁液的白色乳状液体，最初，它会和一般液体一样地流动；但是20分钟以后，汁液就会凝固，印第安人就这样造了一双靴子。

第一个看到橡胶的白种人大概是哥伦布，在他第二次发现新大陆的航行中，看到海地的印第安人用一种树的汁液做成球玩游戏，虽然它较重，但能弹飞，并且跳起来比西班牙制的充满气的球更好。这些土著人用一种类似牛奶的白色乳液放在木制的模子中，用烟熏的方法，蒸发掉水分来固化橡胶而制成球。但是当他把橡胶带到欧洲时，却被送进博物馆中保存达到两个世纪之久。

印第安人的鞋使那些所谓的文明人认识到了橡胶的作用。跟其他所有物质最大的不同是它有明显的弹性，能伸长至自身长度的8倍而不破裂，随后恢复至原来的形状，这是其惰性物质所没有的。所以橡胶的发现为人类在许多领域大显身手提供了机会。

其实橡胶从它原汁到凝固，并没有改变它的分子结构，所以到了一定的时候，它的寿命问题就出来了。主要是空气中的氧原子破坏了它的结构，于是就使印第安人穿的胶鞋越来越不坚固，因此没有推广开。

19世纪初，那时候橡胶刚刚被带回欧洲，最开始是当橡皮用，后来慢慢地发现它有隔水的功能，就用它做一些防水的容器或者防水的遮布，后来就是橡胶套鞋。在英国、荷兰这些多雨而且有低洼地的地方，胶鞋套在皮鞋外面可以不弄脏皮鞋。所以有那么一段时间胶鞋就特别受欢迎。可是胶鞋夏天会发黏，而且还有味儿，到冬天它又变脆了，一走路就碎了，所以也不再受欢迎。

人们特别希望能有一种办法，把橡胶的这些缺点去掉，让它的长处得到更大的发挥。查尔斯·固特异将这个愿望变成了现实。

早在18世纪，固特异家族就很有名，四代人有过7项大的发明。查尔斯·固特异和他的父亲很早就创建了费城的第一个冶金炉，但因为他们不断地贷款、扩建，经营得又不是很好，他们的工厂破产了。

固特异破产后，用仅有的一点钱和全部的时间投入了橡胶的研究中。在破产、进监狱、再加在实验室的五年间，他没有放弃研究。1838年，固特异从海沃德那里买下一个专利：将少量硫黄加到橡胶中，并放在阳光底下晒，这样橡胶就不会发黏了。其实海沃德已掌握了橡胶硫化的真谛：加硫和加热，如果他能把硫化的温度比太阳光再高几度，那么留名后世的就不会是固特异了，可是他当时并没有认识到这一点。

一年后，固特异的好运气来了。一天，他把一团橡胶、硫黄和铅混合起来，有一些混合液掉到了炉子上，当他把冷却下来的东西拿下来以后，这块橡胶居然出乎意料的好，不发黏、不脆，还有特别好的弹性，他管它叫金属胶。

1841年，美国专利局承认了他的发明。同一年，他不顾极端贫困和身体疾病，把自己的发明投入生产，但是还没有产生效益他就再次破产，再度被关进监狱。

1851年，固特异靠借来的3万美元参加了维多利亚女王主办的展览会，他的展品从家具到地毯，从梳子到纽扣，都是由橡胶制成的，成千上万的人参观了他的作品。由于硫化技术非常简单，许多人开始无偿地使用他的专利，因此他的发明给他带来的收入微乎其微。

固特异的一生都在和贫困做斗争、和侵权人做斗争。最终，1860年6月1日，固特异在贫困中去世，那时他还负债20万～60万美元。

硫化橡胶这种技术在世界上公布后，无数人都在无偿地占有这种知识。首先是制鞋业，制鞋业利用橡胶制造防水鞋，然后又是球鞋，后来又是“轻轻走路的鞋”，就是sneaker。最早做的这种鞋，穷人是穿不起的。它的面料是用绸子、缎子或者细白布做的，女士用蝴蝶结装饰在上面；男士在上面装了鹿皮，看上去很高雅。

胶底运动鞋舒适、轻便，花样又容易翻新，很快就被用在各种运动场所。到了1909年，篮球鞋被发明出来，穿上这种脚底带吸盘的胶底运动鞋，就不必担心打篮球的时候滑倒了。

但胶底鞋的最大缺点是不透气。意大利一位葡萄酒商人波莱卡托，有一次参加在美国的沙漠之州内华达举办的制酒业大会时，因为无法忍受来自脚底的酷热，突发奇想，在鞋底打了几个洞，给脚通风换气。结果这一直觉式的举动催生了一项发明，这就是GORE-TEX——防水透气薄膜。这种薄膜的毛细孔比水蒸气分子大，比水分子小，所以汗可以顺利排出，而外界的水却进不来。这一发明实现了“让鞋会呼吸”的梦想。

橡胶底鞋在登山行业作用也是很大的。1935年，一个意大利人带了一支登山队在阿尔卑斯山那一带探索、攀登雪山，结果遇上暴风雪。其中6个人，因为没能及时下山而遇难了。带队的意大利人很痛苦，他觉得自己有责任。他反思这件事情时觉得，当时登山队员穿的登山靴，靴底是皮革做的，是导致这个悲剧的原因之一。他后来发明了橡胶的登山靴底，既轻便又耐磨，最主要的是它能够在任何一种地形上抓牢，这样登山就非常方便了。后来他用自己名字的缩写，命名这项新的发明，叫VIBRAM，直到现在这都是登山靴领域里最好的牌子之一。

（吕洁）